U0188888

稀　土

国际竞争的战略资源

[德] 吕特加德·马歇尔　海克·霍尔丁豪森◎著
张维莎　邓景文◎译

中国科学技术出版社
·北　京·

图书在版编目（CIP）数据

稀土：国际竞争的战略资源 /（德）吕特加德·马歇尔，（德）海克·霍尔丁豪森著；张维莎，邓景文译 . —北京：中国科学技术出版社，2025.1. — ISBN 978-7-5236-0853-1

Ⅰ. TG146.4

中国国家版本馆 CIP 数据核字第 2024PL6877 号

© 2017 oekom GmbH

Original Title: »Seltene Erden. Umkämpfte Rohstoffe des Hightech–Zeitalters«

The simplified Chinese translation rights arranged through Rightol Media（本书中文简体版权经由锐拓传媒取得 Email:copyright@rightol.com）

北京市版权局著作权合同登记　图字：01-2023-4909

责任编辑	王绍昱
封面设计	中文天地
正文设计	中文天地
责任校对	焦　宁
责任印制	徐　飞

出　　版	中国科学技术出版社
发　　行	中国科学技术出版社有限公司
地　　址	北京市海淀区中关村南大街 16 号
邮　　编	100081
发行电话	010-62173865
传　　真	010-62173081
网　　址	http://www.cspbooks.com.cn

开　　本	889mm × 1194mm　1/32
字　　数	71 千字
印　　张	4
版　　次	2025 年 1 月第 1 版
印　　次	2025 年 1 月第 1 次印刷
印　　刷	北京顶佳世纪印刷有限公司
书　　号	ISBN 978-7-5236-0853-1 / TG·27
定　　价	68.00 元

"物质的故事"系列丛书　第10卷

奥格斯堡大学环境科学中心与奥康出版社合作出版

主编：阿尔明·雷勒教授，延斯·松特根博士

我们日常使用的物品和材料，在到达我们手里之前，通常经历了漫长的旅程。拿到成品时，我们往往忽略了它们精彩的前世故事。我们在货柜上购买时，面前的物品是崭新的，毫无历史痕迹。但如果追溯它们的历史，就会获得令人惊奇的发现，那些被刻意遗忘的可疑之处也会随之浮现出来。以物质为线索，我们将重新认识这个全球化的世界，深入理解这个世界上发生的生态和政治冲突。

因此，本系列丛书将单个物质置于中心位置，它们是我们故事中固执的英雄、执拗的主人公。我们选择和描绘了那些在社会、生态和政治上具有重要意义的物质，它们已经书写了或正在书写着历史。"物质的故事"讲述了这些物质所穿越的地貌风景

以及日常社会场景，讲述了它们所走过的全球路径。从那里出发，我们展望未来。

《稀土》是本系列丛书的第 10 卷。本书涉及了过去 20 年间始终占据新闻头条的 17 种元素。它们不仅在数字世界、智能手机和计算机中至关重要，对于能源转型、电动汽车领域来说也不可或缺，更不用说它们在军事技术中的重要应用了。技术和经济一直是公众讨论的热门话题。本书不仅揭示了终端产品背后隐匿的技术和经济冲突，还探讨了其中的环境和政治冲突，同时展望了这种重要物质的可持续利用前景。

后化石时代与数字化：
稀土，我们这个时代的金属

"德国工业最重要的资源是德国工程师的创造力。"这句常被人们提起的话当然没错，但不完全符合事实。因为如果没有铁、铜、铝、钨、钕和锂等，即使最聪明的工程师也是巧妇难为无米之炊。令人惊讶的是，这个显而易见的问题却长期以来没有引起业界和公众的足够重视。对于经济行业而言，以合理的价格获得必需原材料似乎天经地义。

然而到了2008年，几乎所有重要原材料的价格都在短时间内飞涨。不久后，价格又急剧回落。专家判断，企业可能需要在未来适应更为不稳定、波动更大的价格。两年后，当企业和整个德国都深陷经济和金融危机时，中国宣布将限制稀土出口。原材料的供应问题迅速成为经济政策中的首要议题。美国威胁要向世界贸易组织提起针对中国的诉讼。不久后，一场旷日持久的贸易争端爆发了。德国总理安格拉·默克尔在中国访问期间也谈及了稀土问题，她呼吁"开放的市场"。德国企业纷纷表达了忧虑。

一则新闻报道称："博世集团担心重要原材料的短缺"，另一条新闻则写道："（德国的）储备只够用四个礼拜"。

稀土是发展的核心，尽管它们的使用量非常小，小到全球一年的稀土产量用一艘散装货轮就可以轻松装下。但是，这17种被统称为"稀土"的金属在军事、通信和能源等领域具有重要的战略意义。分开来看，一些稀土金属更常用，如风力涡轮机中超磁性体用到的钕和镝；另一些稀土金属用途较少，比如作为石油炼制催化剂的镥。不管它们是经常使用还是不经常使用，是少量使用还是非常少量使用，它们的用量都很少。

稀土是"助推者"和"实现者"。没有稀土，某些产品的功能就无法实现，稀土也因此成为整个产业不可或缺的基础。凭借特殊的材料特性，稀土广泛应用于各种产品中，如手机、笔记本电脑、电动牙刷、风力涡轮机、混合动力汽车和电动汽车。它们被用在激光系统和照明设备中，从节能灯到荧光笔；它们还作为催化剂，助推了许多生产流程的平稳高效运行，尤其在石油和化工行业。在我们毫无察觉的情况下，稀土塑造了我们从早到晚的现代日常生活。

当中国宣布将限制甚至停止稀土出口时，工业社会感到"自身的生存受到了威胁"。

这有什么关系？

五年后的局势出现了令人惊讶的变化。"稀土热已消停"，

2015 年媒体轻描淡写地写道。美国的帕斯矿山在经历多年停产后，于 2010 年重新开工。作为中国稀土的主要竞争对手，帕斯矿山备受瞩目。然而，如今该矿场又再次停产了。股市投资者突然发现手上握着不良的大宗商品股票。这个曾经引起高度关切的议题似乎在五年后失去了影响力。有报道称，有新的矿藏被发现，工业界通过使用其他金属或新技术来替代稀土，大幅减少了对稀土的需求。企业界现在更关注的不再是原材料供应的稳定性，而是不要错过数字化时代的新机遇"工业 4.0"。

先是高度关注，随后又冷漠置之，稀土的历史始终充满了误解和曲解。瑞典、芬兰、德国、法国、奥地利和瑞士的化学家们从 18 世纪开始着手解开稀土之谜。但由于落后的通信手段和不适用的分析分离方法，他们陷入了困境。他们在同一时期研究着相同的问题，却无法进行有效交流。不准确和错误的实验及报告一次又一次地阻碍了他们的认知进程。在某些情况下，科学家们不得不把大量的时间和精力耗费在争取成为稀土金属的首位发现者或命名者上。

前后经历了 150 多年时间，最终发现并描述了所有 17 种元素：钪、钇、镧、铈、镨、钕、钷、钐、铕、钆、铽、镝、钬、铒、铥、镱、镥。如今，国际纯粹与应用化学联合会将周期表中原子序数为 21、39 以及 57 ～ 71 的元素统称为"稀土元素"或"稀土金属"。当然 57 ～ 71 号元素也仍然被称为"镧系元素"，这一名称得名于原子序数 57 的镧元素。

始于瑞士小镇伊特比

18世纪末，巴黎正酝酿着法国大革命，欧洲各国都在讨论启蒙思想。士兵卡尔·阿克塞尔·阿伦尼乌斯驻扎在瓦克霍尔姆——一个位于斯德哥尔摩群岛的要塞小镇。他对自然科学有着浓厚的兴趣，尤其对矿物学和化学感兴趣。1787年，他前往巴黎，在那里遇到了著名化学家安托万·洛朗·德·拉瓦锡。拉瓦锡是现代化学的奠基人之一，也是一名法官，同时还是法国火药厂的监察员。阿伦尼乌斯后来继承了拉瓦锡的衣钵。他追随拉瓦锡的"新化学"——一种以可验证的测量方法为基础的化学流派。

在出发前，这位业余矿物爱好者在家乡一处小矿山中进行探索。这个矿山从18世纪初就开始开采用于瓷器工业的长石。伊特比矿山不仅含有硅酸盐矿物，还隐藏了许多惊喜。1787年，阿伦尼乌斯发现了一块异常沉重的漆黑色石头。芬兰化学家约翰·加多林1794年从这块石头中分离出一种此前未知的物质，并根据石头的发现地将其命名为伊特比特。此时的阿伦尼乌斯已经在军队中小有成就。当时，化学家们将"矿土"解释为一种金属的氧化物，因此铝氧化物被称为"铝土"。这个名字与我们今天对"土"的理解，即可供植物生长的土地，没有任何关联。

随后，伊特土被证明是一种由不同金属氧化物组成的混合物。这些金属彼此不同，但关系密切。由于缺乏合适的分离方法，人们长期以来都不清楚混合物里究竟有多少种金属氧化物。直到 1843 年，瑞典化学家卡尔·古斯塔夫·莫桑德成功提取并描述了纯净形态的钇和铽。而这时，瑞典科学院院士、军衔为少校的阿伦尼乌斯早已辞世。

1949 年，人们发现了最后一种稀土元素，铀的放射性裂变产物——钷。雅各布·马林斯基、劳伦斯·格伦德宁和查尔斯·科里尔在美国田纳西州的橡树岭国家实验室发现了它。由于它的半衰期很短——仅有 18 年，故在自然界中无法检测到。

稀土化学

到 20 世纪中叶，所有的稀土元素都被发现了，但仍存在许多未解决的疑问。稀土化学仍然被认为是一个困难且对实验要求极高的领域。常规的检测和分离方法在这个领域都不奏效，因为稀土元素的化学和物理性质过于相似。英国化学和物理学家威廉·克鲁克斯爵士在 1902 年感慨道："这些元素令我们惊讶，它们与我们的假设相悖，在梦中都困扰着我们。它们如同未知的海洋一样展现在我们面前，嘲弄般地低语着奇特的启示和可能性。"三年后，美国放射化学家伯特伦·博尔特伍德也回应道："与稀土元素相比，镭家族就像一所容易对付的周日学校。稀土元素的化学性质简直令人愤怒，与它们打交道绝对是令人沮丧的。"

无论如何，获取这些善变金属的纯净形式需要大费周折。直到 1950 年前后，分馏结晶（一个由数千个工作步骤组成的过程，每道工序都必须以极其细致的方式进行）是获得纯净形态稀土金属的唯一方式。稀土金属在纯净状态下是银白色的，由于其强烈的反应性，表面会迅速被一层白色氧化物覆盖。

现在虽然有了更高效和更快速的方法，但稀土金属的提取仍然非常费时费力。在自然界中，它们总是以伴生物的形式存在。

想要利用纯净的钕、铈或镨，首先必须将其与同族元素分离，而这需要大量能耗和化学处理。这也是稀土在产品环境评估中处于困境的原因之一。一方面，它们是"绿色未来技术"的重要组成部分；另一方面，稀土的开采和提取缺乏可持续性。在稀土的开采和生产地区，人类和环境都受到了影响，一部分原因是提取过程中释放出放射性副产品，另一部分原因是在矿山和精炼厂使用了有毒化学物质。

因此，对稀土进行有意识的管理，始终关注稀土的全生命周期 [1] 就显得尤为重要。然而，现实情况不尽如人意。2010 年全球稀土产量为 123 000 吨，其中约有 110 000 吨因耗散而损失，耗散率达 90% 以上。耗散是指在人类利用过程中，稀土金属以最

---

[1]　全生命周期是指从稀土矿石开采和提炼开始，经过生产、加工、利用，一直到废弃和处理的整个过程。

*　本书脚注为译者注。

细小的形式散布在环境中，不能再被回收，例如被用在肥料、动物饲料、药品添加剂、催化剂或是电子设备微小组件里，或是随着刹车片磨损而细微流失。至今，还没有有效的策略来避免这些局部的但总体上巨大的损失，也没有办法回收进入土壤、水源以及在空气中分散的微粒。

即使已经认识到欧洲没有重要的金属天然矿藏，也没有促使人充分利用"人为矿藏"——废弃的笔记本电脑、旧手机或破损的节能灯等潜在资源储备，仅有不到百分之一的稀土金属被回收利用。许多产品中的稀土金属含量太过微小，回收没有经济价值。另外，产品在使用过程中以及报废后的去向也过于错综复杂。虽然对供应短缺的担忧促使全球各国开展了许多回收研发项目，但迄今为止，研发成果几乎没有在企业中得到实际应用。

富有创造力的金属

替代方面情况则不同。用更为充足的原材料替代稀土金属的尝试取得了惊人的成功。在这一过程中，各家公司采取了不同的策略。例如，他们用具有类似性质但有时同样稀缺的金属来取代稀土金属，或者研发新的技术以便大大减少或完全不使用稀土金属，如荧光体工业。对铽、铕和镱等稀土金属需求的大幅下降则是因为现代 LED 灯迅速在市场上取代了节能灯。与节能灯不同，LED 灯几乎不需要使用稀土金属。

　　创新精神似乎再次展现，每次危机人们都似乎能够从技术上找到应对方案。与铜和铁不同，稀土直到近些年才开始在人类的经济和文化活动中扮演重要角色，而人类也仅仅在近几年才开始改造和重塑稀土金属。稀土金属象征着我们这个时代的重大议题——无论是能源转型还是工业4.0。德国政府的高科技战略、数字议程以及可持续发展战略都离不开镝、铈和镧等元素的支持。因此，无论市场价格和供应情况如何变化，稀土金属都值得我们关注，因为这个金属家族讲述了我们现代工业社会令人着迷的故事。

目录

第一章

活泼的金属家族：这些都是稀土

稀土元素是化学元素中的稀有品种。长期以来，只有化学家或原材料专家才知道这些元素，不过他们对稀土的了解也很有限。然而，近年来稀土在工业中变得越来越重要，逐渐成为一种备受追捧、有时甚至非常昂贵的原材料。

自然而然，媒体如今也开始关注稀土的供应、价格和用途，以及围绕其可供应性的政治争议。在日本，稀土被形象地称为"工业维生素"[①]。仅仅几年前，稀土就像过去的铜或黄金一样，引起了广泛关注，至今仍然存在许多关于这些奇特金属的神话——这当然也缘于它们具有误导性的名称，而这些名称本身也是有历史渊源的。

18世纪（甚至更早之前）的自然科学家所理解的"稀有"不

---

① 稀土被称为"工业维生素"的说法源自20世纪初期日本化学家户田良平的提议。在20世纪初期，日本开始对稀土进行大规模研究和应用。当时，稀土被广泛用于改进钢铁和其他金属的性能，增强磁性材料的性能，以及制造颜料等，在工业生产中扮演了重要的角色，类似于维生素在生物体内维持生命活动中的作用，因此被比喻为"工业维生素"。

仅仅是指罕见的物质，也包括"奇怪"或"不寻常"的含义。他们研究的矿石的确不寻常但并不"稀有"，这就是为什么"并不稀有的稀土"这样的标题会出现在相关的报刊文章中。有些稀土元素在地壳中甚至比铅或砷更常见。即使是稀土元素中最稀有的稳定元素"铥"，在地壳中的存量也比银高。

这些金属并非稀缺，但仍被认为罕见：稀土元素通常不是集中在矿床中，而是以广泛分布的方式存在，浓度极低，并且总是与其他元素结合在一起。因此，它们只能作为金属家族被共同开采，并在开采后通过复杂的工艺过程将稀土元素与其他元素分离开来。因此，有价值的稀土矿床相对较少。这导致如今大部分被开采的稀土实际上是开采其他矿产时的副产品，例如中国最大的白云鄂博矿山，该矿主要开采铁矿石。

关系密切，但不相同

整体而言，稀土矿物家族包括17种金属，它们分别是钪、钇、镧、铈、镨、钕、钷、钐、铕、钆、铽、镝、钬、铒、铥、镱、镥。其中，前3种金属钪、钇和镧位于元素周期表的第三周期；其余14种金属属于镧系元素。稀土元素化学性质相似，物理性质各具特点，由于在某些应用中起主导作用的是化学性质，因此可以相互替代。

稀土元素通常被分为两组，即轻稀土和重稀土。决定性因素是原子量。尽管根据不同来源对稀土元素进行了划分，但是人们的看法并不总是一致。通常，镧至铕被视为轻稀土元素，而钆至镥以及钇则被视重稀土元素。这一点很重要，因为相对于重稀土元素，轻稀土元素在地壳中出现得更为频繁，较容易开采；而重稀土是指稀缺的原材料。在中国白云鄂博——世界上最重要的矿床之一，超过97%的稀土氧化物都属于轻稀土组。

分布均匀，但很难找到

稀土元素在地壳中的平均浓度约为9.2毫克／千克，但各元素之间的差异很大。最稀有的稳定稀土元素之一——铥在地壳中的含量仅为0.28毫克／千克。相比之下，铈的含量要高得多，为43毫克／千克，比我们熟知的铜（27毫克／千克）、铅（11毫克／千克）还要高。但与后两种金属不同，稀土金属永远不以纯（自然态）金属的形式存在。

目前已知200多种矿物中含有微量稀土元素，但它们几乎总是嵌入其他岩石中或与其他矿物混合形成沙砾。因此，目前的技术只能从少数几种矿物中商业化提取这些珍贵金属，包括葵矿石、门石和偏铱矿。其中，葵矿石和门石主要提供轻稀土元素，偏铱矿则主要提供重稀土元素。还有一些矿物也具有潜在的开采价值，如石榴石、磷灰石和钛铅矿。特别是在中国南方，还有富含"吸附离子的黏土"矿床，也可从中经济地分离出稀土

| 1 氢
H
hydrogen
1.0079 |

| 3 锂
Li
lithium
6.941 | 4 铍
Be
beryllium
9.0122 |

稀土 （SE）	轻稀土（LSE）
	重稀土（SSE）

| 11 钠
Na
sodium
22.990 | 12 镁
Mg
magnesium
24.305 |

19 钾 **K** potassium 39.098	20 钙 **Ca** calcium 40.078	21 钪 **Sc**① scandium 44.956	22 钛 **Ti** titanium 47.867	23 钒 **V** vanadium 50.942	24 铬 **Cr** chromium 51.996	25 锰 **Mn** manganese 54.938	26 铁 **Fe** iron 55.845	27 C cob 58.9
37 铷 **Rb** rubidium 85.468	38 锶 **Sr** strontium 87.62	39 钇 **Y** yttrium 88.906	40 锆 **Zr** zirconium 91.224	41 铌 **Nb** niobium 92.906	42 钼 **Mo** molybdenum 95.94	43 锝 **Tc** technetium ［98］	44 钌 **Ru** ruthenium 101.07	45 R rhod 102
55 铯 **Cs** caesium 132.91	56 钡 **Ba** barium 137.33	57-71 *	72 铪 **Hf** hafnium 178.49	73 钽 **Ta** tantalum 180.95	74 钨 **W** tungsten 183.84	75 铼 **Re** rhenium 186.21	76 锇 **Os** osmium 190.23	77 I iridi 192
87 钫 **Fr** francium ［223］	88 镭 **Ra** radium ［226］	89-103 **	104 𬬻 **Rf** rutherfordium ［261］	105 𬭊 **Db** dubnium ［262］	106 𬭳 **Sg** seaborgium ［266］	107 𬭛 **Bh** bohrium ［264］	108 𬭶 **Hs** hassium ［269］	109 M meitne ［26

| * 镧系 | 57 镧
La
lanthanum
138.91 | 58 铈
Ce
cerium
140.12 | 59 镨
Pr
praseodymium
140.91 | 60 钕
Nd
neodymium
144.24 | 61 钷
Pm
promethium
［145］ | 62 S
sama
150 |
| ** 锕系 | 89 锕
Ac
actinium
［227］ | 90 钍
Th
thorium
232.04 | 91 镤
Pa
protactinium
231.04 | 92 铀
U
uranium
238.03 | 93 镎
Np
neptunium
［237］ | 94 P
pluto
［24 |

（来源

---

① 钪（Sc）化学性质独特，通常既不归入轻稀土，也不归入重稀土。

						2　　　氦 **He** helium 4.0026
5　　　硼 **B** boron 10.81	6　　　碳 **C** carbon 12.011	7　　　氮 **N** nitrogen 14.007	8　　　氧 **O** oxygen 15.999	9　　　氟 **F** fluorine 18.998	10　　　氖 **Ne** neon 20.180	
13　　　铝 **Al** aluminium 26.982	14　　　硅 **Si** silicon 28.086	15　　　磷 **P** phosphorus 30.974	16　　　硫 **S** sulfur 32.065	17　　　氯 **Cl** chlorine 35.453	18　　　氩 **Ar** argon 39.948	

镍 **Ni** ckel .693	29　　　铜 **Cu** copper 63.546	30　　　锌 **Zn** zinc 65.39	31　　　镓 **Ga** gallium 69.723	32　　　锗 **Ge** germanium 72.61	33　　　砷 **As** arsenic 74.922	34　　　硒 **Se** selenium 78.96	35　　　溴 **Br** bromine 79.904	36　　　氪 **Kr** krypton 83.80
钯 **'d** adium 6.42	47　　　银 **Ag** silver 107.87	48　　　镉 **Cd** cadmium 112.41	49　　　铟 **In** indium 114.82	50　　　锡 **Sn** tin 118.71	51　　　锑 **Sb** antimony 121.76	52　　　碲 **Te** tellurium 127.60	53　　　碘 **I** iodine 126.90	54　　　氙 **Xe** xenon 131.29
铂 **t** inum 5.08	79　　　金 **Au** gold 196.97	80　　　汞 **Hg** mercury 200.59	81　　　铊 **Tl** thallium 204.38	82　　　铅 **Pb** lead 207.2	83　　　铋 **Bi** bismuth 208.98	84　　　钋 **Po** polonium [209]	85　　　砹 **At** astatine [210]	86　　　氡 **Rn** radon [222]
un tadtium 71]	111 **Uuu** roentgenium [272]	112 **Uub** copernicium [277]						

铕 **'u** pium 1.96	64　　　钆 **Gd** gadolinium 157.25	65　　　铽 **Tb** terbium 158.93	66　　　镝 **Dy** dysprosium 162.50	67　　　钬 **Ho** holmium 164.93	68　　　铒 **Er** erbium 167.26	69　　　铥 **Tm** thulium 168.93	70　　　镱 **Yb** ytterbium 173.04	71　　　镥 **Lu** lutetium 174.97
镅 **m** icium 43]	96　　　锔 **Cm** curium [247]	97　　　锫 **Bk** berkelium [247]	98　　　锎 **Cf** californium [251]	99　　　锿 **Es** einsteinium [252]	100　　　镄 **Fm** fermium [257]	101　　　钔 **Md** mendelevium [258]	102　　　锘 **No** nobelium [259]	103　　　铹 **Lr** lawrencium [262]

sthal）

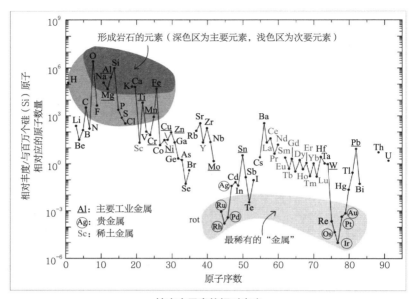

地壳中元素的相对丰度

（来源：Haxel. et al，2002）

元素，尤其是重稀土元素。

目前，最主要的稀土来源是癸矿石（以其首次发现地——瑞典的巴斯特纳斯命名）。在这个总称下，包括了富含铈、镧等镧系元素以及钇的氟碳酸盐。1949 年，人们在美国加利福尼亚发现了一个巨大的癸矿石矿床，自 20 世纪 60 年代以来一直对其进行露天开采。30 多年来，加利福尼亚的帕斯矿山一直是世界上最大的钇、铈和其他稀土金属生产地。然而，在 90 年代末，中国开始开采自身巨大的稀土宝藏，最终在产量上超过了美国。因此，中国在稀土市场近乎垄断的地位是在近几十年确立的。

对于莫纳石矿石来说，情况有所不同。莫纳石也是一个集合术语，用来描述不同的镧系元素－钍－磷酸盐，主要包含铈、镧、钕和镨。与巴斯特纳石矿石相比，莫纳石含有更多的重稀土。莫纳石还含有放射性元素，铀含量高达 1%，钍含量高达 20%。因此，任何想要获取稀土的人都会面临放射性废料的问题。为了避免或尽量减少环境和健康风险，开采和加工莫纳石的矿山和工厂需要采取特殊的安全措施。

从巴西到库克斯港

在采矿业中，矿床分为两类：原生矿床和次生矿床。原生（或岩浆）矿床是在岩浆冷却凝固时形成的；次生（或沉积）矿床则是由岩石风化或溶解形成的，在这个过程中，松动的物质被水冲走或被风吹走。

西澳大利亚的韦尔德矿山、南非的纳布姆斯普雷特矿山以及前面提到的白云鄂博和帕斯矿山都属于原生矿床。但这些矿床中的稀土浓度很低，且以坚硬的伴生岩形式存在，使得开采利润不高。相比之下，以沙砾形式存在于河岸或海岸的莫纳石更具经济价值。次生矿床已经在印度西南海岸、巴西、马达加斯加、斯里兰卡、泰国和马来西亚等地被发现，其中，巴西和印度的莫纳石沙滩历史悠久，它们是 19 世纪末第一批被发现的，长期以来一直是稀土的主要来源，直到人们开始开采帕斯矿山。欧洲也有莫纳石沙滩，如德国的库克斯港、汉斯托尔姆，挪威南部沿海地区，以及俄罗斯乌拉尔地区。迄今为止，它们尚未被开采。

稀土元素中的重稀土元素，如镝和镱，对于绿色未来技术和通信设备尤为重要，它们主要存在于独居石中。这种镧系磷酸盐的混合物几乎包含了现代液晶电视所需的所有元素：钇含量相对较高，占 55% ~ 60%；镝约占 9%；镱约占 6%；铒约占 5%。这些浓度总体上被认为是较高的。然而，就像莫纳石一样，独居石中的稀土元素与铀和钍一起存在。因此，中国、巴西、澳大利亚和美国的矿床都存在放射性问题，马来西亚、印度尼西亚和泰国的锡矿也存在相同问题。

海 陆 空

在特殊地点发现或者疑似存在稀土矿床时，往往会引起公众的特别关注。例如，太空研究人员和互联网巨头宣布他们将探索小行星，并开采小行星上的矿产资源时；又如当发达国家买下西北太平洋或西南太平洋海底的锰结核开发权时；再如德国地球科学和矿产研究所不断派遣科考船驶向世界各地时。然而，含有稀土的金属结核位于海底 3 500 ~ 6 000 米，超出了当今人类的开采能力范围。其实，人类不必上天入海就能遇到稀土：它们在地壳中相对常见，虽然高浓度的情况并不常见。

好品质的铁矿石含铁量在 70% 左右。就稀土而言，地质学家认为当矿石中的稀土含量大于 0.1% 时就是矿床，即 1 吨岩石中含有 1 千克的稀土。然而，重要的不仅是稀土的含量，矿床能否盈利还取决于经济、生态、政治和社会因素。例如，必须建设有效的基础设施来运输开采出来的矿石或金属。

储量－资源

储　量
储量是已经在地壳中被证实的原材料矿藏，可以使用今天已知的技术手段进行经济开采。

资　源
资源是根据各种地质迹象怀疑但尚未得到确切证实的矿床。在现有技术条件下开采经济上不合算。

如果世界市场形势发生变化，原材料价格上涨，或开发了新的采矿技术，储量可以成为资源；反之亦然。

据美国地质调查局估计，2015 年全球稀土储量约为 1.3 亿吨。2014 年全球稀土初级产量为 11 万吨。这些数字令人放心，因为根据计算，稀土供应在未来 1200 年内可以得到保障。然而，需要谨慎对待这些计算方程式，因为它们只显示了"静态范围"。也就是说，它们是根据当前的可用储量和消耗来计算的，仅反映当前的状况——既没有考虑未来社会对稀土需求的增长，也没有考虑稀土的生命周期（如回收率）或是新矿床的开发。

从分布来看，2014 年全球稀土储量约 43% 位于中国。中国北方矿床主要富含轻稀土元素，南部矿床则以重稀土元素含量高而著称。除中国外，巴西、印度、俄罗斯、格陵兰岛、澳大利亚、朝鲜、加拿大和美国也有相当数量的储量，不同矿床的稀土成分也各有差异。

格陵兰岛南部富含重稀土和铀，但俄罗斯、格陵兰岛和部分加拿大矿床的问题在于它们位于永久冻土地区，几乎没有可开发的道路或铁路。

麻烦的金属家族

稀土元素经常与钙、钍和铀一起出现，这是因为它们具有相似的离子半径。放射性元素钍和铀在稀土的开采过程中是一个问题，因为它们可能导致相当大的环境和健康风险。另一个问题是，在人体中，相似的离子半径会导致稀土元素占据钙的位置，并导致钙在骨骼中被排挤出去。

稀土在高科技领域的使用仅有大约 15 年的历史，因此它们也只是在最近才开始更多地进入环境。这种暴露的影响尚不清楚。目前研究认为它们对人类无毒。然而，一些研究表明当高剂量的稀土元素被人类或动物接触时，可能影响健康。它们可能被吸收并嵌入骨骼结构中，长时间在体内停留，引发潜在的健康危险。此外，稀土元素还是钙离子的拮抗剂，对磷酸根离子具有很高的亲和力，可能改变体内蛋白质的活性。长期暴露于含有稀土元素的环境中，可能导致肺部或肝脏损伤。钇和镧被怀疑会引发肿瘤。

稀土在其生命周期的各个阶段都可能不受控制地进入空气、水和土壤中，在环境中细微分布。其水溶性化合物对环境尤其构成问题，因为它们扩散迅速。例如，一些无机盐被用作中间产物、药品或造影剂，后两者被人体摄入后通过尿液排出，随废水流入污水处理厂，且无法在污水处理过程中被完全去除，因而会在地表水体中积累，随着浓度增加，影响水生生物的神经系统或繁殖能力。此外，作为含磷矿肥的成分，稀土被直接施加在土壤中，由于其磷酸盐的溶解度很低，只有少量被植物吸收，更多的则留在土壤中。

尽管现有知识表明，稀土在环境中并不特别危险，但目前关于稀土环境行为的研究还十分有限。随着稀土的使用量迅速增加，迫切需要在这一领域加强研究，尤其是长期研究。

第二章

从煤气灯罩开始：稀土的使用历史

意大利作家兼化学家普里莫·列维在他的自传体小说《周期系统》中描述了他从集中营中幸存下来的经历，他把这一切归功于铈。为了不挨饿，列维不得不学习如何偷窃——"除了同伴的面包，我什么都偷了"，他用偷来的东西暗中换取食物。作为一名化学家，列维有机会进入奥斯威辛/莫诺维茨集中营内德国化学公司 IG-Farben 布纳工厂的实验室。在那里，他在架子上发现了一个罐子，里面装着大约二十个灰色的小型金属圆柱体——坚硬、浅灰色，没有任何特殊的气味或味道。他把其中三个藏在口袋里，偷偷带回营区。为了弄清楚它们的性质，列维和朋友阿尔贝托用刀在其中一个金属柱上划了一下，立刻响起了轻微的噼啪声，迸发黄色的火花。列维写道：确定了，这是铈，一种常用来制作打火石（镧铈合金）的稀土元素。经过连夜努力，两人偷偷地将这些偷来的圆柱切割成小块打火石，用来交换面包。在集中营里，一块打火石的价值等于一天的面包配给，一份面包意味着多一天的生命。列维写道："总共一百二十块，对我和阿尔贝托来说，就是两个月的生命。两个月后俄国人到来，解放了我们。我们要感谢铈，我只知道它的实际用途，以及它大概属于罕见的稀土家族。"他在集中营幸存下来，但他的朋友阿尔贝托在 1945 年 1 月 27 日集中营解放前夕死于一次"死亡行军"[①] 途中。

1945 年，当苏联红军解放奥斯威辛及其外围集中营时，稀土即使对于像列维这样的化学家来说也是陌生的。稀土化学被认为是一个困难且实验极具挑战性的领域。在这个领域中，通常的检测和分离方法都不奏效，因为如前文所述，稀土家族的单个元素在化学和物理性质上过于相似。

从原矿到实验室：稀土的发现

提取纯金属需要大量的工作和时间。直到 1950 年左右，分馏结晶法都是唯一的方法，包括数千个步骤，必须以极其细致的方式进行。这就是稀土元素发现的历史充满了错误、混乱和假设的原因。主要参与者——来自瑞典、芬兰、德国、法国、奥地利和瑞士的化学家，对彼此一无所知，因此不能从彼此的发现中受益，只能自行找出有用的分析和分离方法。

这段历史跨越了足足 150 多年。起点是在斯德哥尔摩附近

---

① "死亡行军"是指 1945 年 1 月，随着苏联军队逐渐逼近，纳粹德国将奥斯维辛集中营中的被关押者转移到其他集中营而进行的漫长高强度的转移行动。在途中约有 15000 名囚犯遭到杀害或是饿死、冻死。

卡尔·阿克塞尔·阿伦尼乌斯（1757—1824）：瑞典炮兵军官，业余地质学家和化学家

（来源：Reichsarchiv Schweden）

的一个名为伊特比的小矿山。瑞典海军中尉和业余矿物学家卡尔·阿克塞尔·阿伦尼乌斯子1787年偶然发现了一块极其沉重的漆黑石头。7年后，芬兰化学家约翰·加多林从这块所谓的"伊特比矿"中分离出了一种未知的"伊特比金属氧化物"。随后的一段时间里，这种新金属氧化物被证明是不同化合物的混合物。稀土元素的发现时间有时会间隔数十年，这并不奇怪。例如，钇和铽元素在1843年被发现；又过了35年，瑞士化学家让·查尔斯·加利萨德·德·马里尼亚克才从伊特比金属氧化物中纯化出了下一种稀土元素。

分馏结晶

最初，只有通过光谱分析才能检测到新元素。奥地利发明家兼企业家卡尔·奥尔·冯·韦尔斯巴赫利用"分馏结晶"法成功地纯化了稀土元素。该方法利用了溶解性上的差异来分离晶体。直到20世纪中叶，这种方法是制备纯稀土元素及其化合物的唯

瑞典的伊特比矿：钇元素由此得名

［来源：Lennart Halling（1910），Technisches Museum Stockholm］

一途径。然而，这种方法需要耗费大量的时间和工作量：通常需要在实验室手工进行成千上万次结晶，才能最终分离出几毫克稀土元素。

　　1907 年发现了镥之后，寻找稀土元素的工作并未结束。洛塔尔·迈耶和迪米特里·门捷列夫于 1869 年发现的"元素周期表"根据元素的原子质量和化学性质对元素进行排序，发现在钕和钐元素之间存在一个空位。尽管付出了巨大努力，卡尔·奥尔·冯·韦尔斯巴赫仍无法填补这个空缺，他于 1929 年在卡林西亚去世。直到 1945 年，人们才成功分离出最后一种稀土元素——钷。雅各布·马林斯基、劳伦斯·格伦德宁和查尔

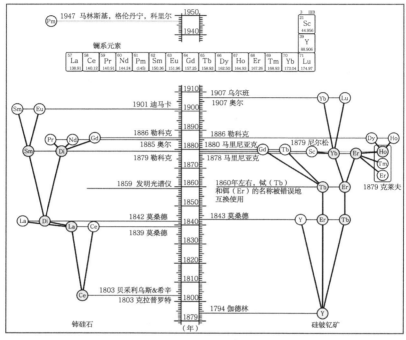

稀土元素的发现历史，从铈和钇两种元素开始

（来源：E. Generalic, www.periodni.com）

斯·科里埃尔在美国田纳西州奥克里奇国家实验室发现了铀的放射性裂变产物。

从实验室到工厂

当卡尔·奥尔·冯·韦尔斯巴赫在19世纪80年代开始更深入地研究稀土时，这些元素仍被视为实验室的珍奇。奥尔是第一个成功将发现转化为市场产品的化学家。1885年是他的辉煌之年。那一年，他不仅发现了镨和钕这两个稀土元素，还获得了他的第一个煤气灯的专利。他在海德堡的学习期间就为这项发明奠定了基础。这座位于德国西南部的城市在19世纪下半叶因为三位伟大的自然科学家罗伯特·威廉·本生、古斯塔夫·罗伯特·基尔霍夫和赫尔曼·冯·亥姆霍兹而成为化学学习的首选之地。尽管他们来自不同的学科，但这三位科学家密切合作，经常在漫长的散步中交流他们的研究内容。

在由本生领导的化学研究所中，存在着一种明显的跨学科交叉激发灵感的研究氛围。据说本生在他的学生中灌输了将化学与物理紧密结合的理念。这位德国化学家在化学和物理领域都取得了重大成就，尤其是对化学分析方面的重大创新功不可没，如与基尔霍夫合作开发了光谱分析技术以及本生灯。

同样，将熔融电解法用于金属纯化也是本生跨学科方法的研发成果之一。奥尔在本生的化学研究所接受了科学训练。在这里，他学习了光谱分析以及如何电解沉积金属，深入研究了稀土金属铈及其电解纯化方法。本生是第一个让奥尔接触稀土化学的人，对奥尔未来的道路产生了重要影响。

1882年5月2日完成博士考试后，奥尔从海德堡回到维也纳，在那里以私人学者的身份继续稀土化学的研究。他不仅从海德堡带回了理论知识和实验经验，还带回了岩石样品、化学品、化学仪器和设备。在实验中，他很快就注意到，一些稀土金属，

光谱分析

光谱分析或光谱学是一种研究方法，人们可以从光谱分析中推断哪些物质参与了光谱的形成。1859年，化学家罗伯特·威廉·本生和物理学家古斯塔夫·罗伯特·基尔霍夫开发了一种全新的分析方法——通过光学方法，快速和准确地鉴定以前未知的元素。1884年，瑞士裔美国化学家马克·德拉方丹使用光谱分析检测钇、镝和铒。对于1880—1882年在海德堡学习化学、本生的学生卡尔·奥尔·冯·韦尔斯巴赫来说，光谱分析已经是一种日常工具和不可或缺的研究工具。奥尔改进和扩展了这个方法，于是发现了4种稀土元素：镨、钕（1885年），以及镱和镥（1907年）。

如镧或铈，加热时会发出明亮的光。这一观察让他有了利用这些物质制造发光体的想法。然而，他还缺乏一种将这些金属转化为合适发光形式的方法。

据说，一次偶然的机遇帮助了奥尔。根据一则口头流传的故事，奥尔在实验过程中不小心溅出了宝贵的样品——一种硝酸镧溶液。这种溶液他只有一点点，是由他的老师本生带回维也纳的。为了挽救这份珍贵的液体，他小心地用棉布轻轻擦拭，然后用本生灯的火焰点燃它，想从燃烧残留物中回收镧。令人惊讶的是，他发现这块棉布燃烧后仍保持着原有形状和结构。这可能启发了他制作煤气灯罩。于是，奥尔开始有计划地使用棉制纺织物进行实验。他将这些棉织物蘸上不同稀土元素溶液，然后绕在本生灯的火焰上燃烧。燃烧过后会留下一个袜子状的坚硬物体，其成分是稀土元素氧化物，能在火焰中发出明亮的光芒——煤气灯罩由此诞生。

煤气灯对阵电灯

奥尔通过使用煤气灯罩改进了传统的煤气照明方式。在煤气灯中，光的产生不再依赖于明火，而是通过套在灯丝上的煤气灯罩。这种设计使灯光

卡尔·奥尔·冯·韦尔斯巴赫（1858—1929）：奥地利化学家和企业家。他被认为是煤气灯罩的发明者和特里巴赫工业股份公司的创始人

（来源：Wikipedia）

更明亮，消耗的气体更少。因为实际上煤气火焰在可见光谱范围内几乎不会发光，根据基尔霍夫辐射定律，透明气体在可见光谱范围内几乎不吸收和发射能量。

为了将煤气火焰用于照明目的，必须使用含有大量煤烟的气体，即所谓的照明气体。就像蜡烛燃烧时产生黄色光芒的微粒一样，这里的黄色光芒是燃烧的煤炭微粒产生的。

19世纪20年代以来，研究人员一直在追求另一种发光方法，即制造"人造"火焰。为此，他们在火焰本身或是其周围环境直

接添加更耐高温的无机发光材料，如石灰或金属氧化物，而不再使用碳基材料。使用这种能产生白炽效应的材料照明，人们可以获得更白、更亮的光线。

奥尔在早期实验的基础上继续研究。为了获得尽可能强烈的辐射，他用各种不同浓度的稀土氧化物溶液进行了一系列测试。他用这些溶液浸泡布料，待其干燥后点燃。在众多的实验中，他不仅尝试了各种金属的氧化物，还尝试了不同类型的纺织纤维织物。他的母亲用棉线和其他纱线为他编织出了最初的形似外套和袜子的结构体。长期来看，最终胜出的是机织的苎麻纤维织物。苎麻是一种名为"中国亚麻"的亚麻科植物。

卡尔·奥尔·冯·韦尔斯巴赫发明的煤气灯罩

（来源：维也纳无机化学研究所历史收藏）

为了在煤气灯中使用，煤气灯罩不仅要发光效果好，还必须保持形状。因此，虽然一开始用镧系氧化物制成的灯罩发光效果好，但仅仅几天后，就分解成细小的灰尘。奥尔通过添加氧化镁来提高灯罩的耐用性的尝试一度取得成功。然而，他很快就发现，这会牺牲发光亮度：灯罩在使用70～80小时后，亮度会持续降低。

奥尔最终在 1885 年 10 月以"阿克蒂诺弗"的名称申请了一个看似可行的煤气灯罩专利，其中使用到的浸润溶液包含锆、钇和镧等的氧化物。通过实验报告和引人注目的实验演示，奥尔向公众展示了这个发光体。尽管大众对这种新型光源感到兴奋，但专业人士持怀疑态度。他的一个化学家朋友质疑灯罩的支架是否足够牢固。而且，煤气作为照明介质已经过时，很快将被电灯所取代。一本煤气照明专业杂志对这种新型光源材料质量进行了评价，认为其中含有的稀土元素"由于珍贵性，从一开始就排除了大规模使用的可能性"。接下来，该杂志列举了许多早期尝试图用固态光源进行照明但均以失败告终的实例。他们嘲弄地总结道："我们现在已经相当确定的一点是，我们不应该指望从这一方面发起对煤气工业领域的彻底变革。"

28 岁成为百万富翁

然而，这项发明的高光效和经济性是无可争议的。1886 年 4 月 9 日，奥尔在下奥地利州工业协会发表的一次演讲中，向目瞪口呆的听众展示了这样一组数据：普通的街道蝶形燃气灯，每小时消耗 142 升煤气，能提供大约 12 支蜡烛的亮度。他的煤气灯罩燃烧 65 升煤气，可以提供相当于 17 ~ 25 支蜡烛的亮度，耗气量少了一半以上。奥尔最终说服了维也纳的林德海姆公司。这家以铁路和矿业起家的家族企业明智地选择了投资其他行业。

他们以约 100 万古尔登①的价格购买了煤气灯罩在奥地利的生产权，由奥尔提供必要的浸渍溶液。通过授权给国外许可证，他获得了额外的收入，在不到 27 岁时成为百万富翁。

1887 年，奥尔将他新获得财富的一部分用于购买维也纳附近阿茨格尔斯多夫的一家废弃的化学制药工厂。在这里，他从矿石独居石中分离出稀土元素氧化物，并用它们生产煤气灯罩需要的浸渍溶液。起初，这项工作非常成功。但是仅仅过了一年多，这项发明就被证明是失败的：在日常使用中，煤气灯罩遭到越来越多顾客的拒绝。原因是与人们习惯的蜡烛、石油灯或传统煤气灯发出的温暖的红黄色光芒相比，其光线显得幽绿而寒冷。值得注意的是，不久前，当第一批节能灯问世时，也有类似的争议：消费者们认为其太"冷"。

19 世纪末，出现了更严重的问题：煤气灯罩很容易坏，并很快失去亮度。来自世界各地的愤怒投诉和许可证追索使企业陷入了财务危机。1889 年，该公司停产，所有的员工不得不失业。

剩下的人只有奥尔，他试图在废弃工厂里努力克服他的发明的缺陷。与工厂前经理路德维希·哈丁格的一次对话使他受到启发，他开始尝试使用钍。在阿茨格尔斯多夫的工厂存有足够多的钍，因为在处理独居石以提取稀土元素时，钍是副产品。奥尔并没有将这些废料视为毫无价值的垃圾，而是将其储备起来，以备将来可能的用途。

① 古尔登（Gulden）是奥地利 19—20 世纪初期使用的主要货币之一。

经过漫长、多次的系列测试，奥尔在 1891 年申请了一种新型煤气灯罩专利，这种煤气灯罩由 99% 的氧化钍、1% 的铈和氧化铈组成。改进后的奥尔煤气灯稳定耐用，发出温暖宜人的光芒。在亮度和运行成本方面，它优于传统光源，甚至相比新兴电灯也不逊色。在申请专利的同一年，阿茨格斯多夫的工厂重新开业。这种新型发光体迅速成为畅销产品。为了满足暴风雨般的市场需求，奥尔煤气灯的强光照亮了工厂车间，确保夜以继日地不停生产。在维也纳歌剧院旁的咖啡馆，新型光源安装后，客人们在夜晚也可以轻松地阅读报纸了。

1892 年，仅在维也纳和布达佩斯就售出了约 90 000 盏奥尔煤气灯；而到 1893 年末，在德国的销量已超过 500 000 盏。在其他欧洲国家和美国，新的生产公司纷纷成立或重组，取得了巨大的成功。

总部早先位于巴黎的奥尔公司在首个经营年度实现了分红 125%。凭借 800 000 瑞士法郎的股本，该公司获得了 225 万瑞士法郎的毛利润。这一成绩被后来的德国煤气灯股份公司（DEGEA，前身是总部迁往柏林的奥尔公司——译者著）超越，其股息率达到了 130%。煤气灯罩的销售在德国尤为火爆。1895 年，柏林开始将煤气灯罩用于街道照明。

如今，在曾经的西柏林地区仍有 44 000 盏奥尔煤气灯在使用。根据柏林参议院的决定，这些历史悠久的煤气灯将在 2016 年改装成 LED 灯，这个决定引起了许多柏林人的不满。

到了 1899 年，德国已有 90% 的煤气灯配备了灯罩。美国的销售额也在上升。截至 1929 年，全球生产了大约 50 亿个煤气灯罩，如果每隔 40 米放置 1 盏奥尔煤气灯，可以照亮整个欧洲。

竞争刺激生意

科技史学专家们解释了奥尔煤气灯取得巨大成功的原因，这与几乎同时出现的竞争对手电灯有关。他们的论点是：一种被认为已经被淘汰的前代技术通过与新兴技术的竞争和相互作用，得以重新优化。新旧技术在一段时间内互为竞争对手。这种情况正是发生在电灯问世之时：在 20 世纪电灯盛行之前，煤气灯令人惊讶地卷土重来，它的竞争对手电灯一度落后于它。

18 世纪末，英国首次将煤气用于照明。因为在煤炭焦化的过程中，产了大量廉价煤气作为副产品。

19 世纪，煤气开始在德国工厂和大型建筑的照明中发挥越来越重要的作用。一方面，从 1850 年开始，许多城镇开始建造自己的煤气厂，煤气灯快速推广开来，主要集中在街道和公共场所。另一方面，在私人住宅中，石油灯的主导地位一直保持到了 20 世纪初。导致煤气灯在家庭住宅中推广缓慢的主要原因是居民担心煤气爆炸和火灾，这种事故在当时并非罕见。1881 年维也纳环形剧场的火灾引起了巨大的轰动，因为一名员工错误操作了煤气照明系统的点火装置，整栋建筑被完全烧毁，还造成 384 人死亡，煤气照明因此声名狼藉。由于这类意外事故，煤气照明公司的股价急剧下跌，这为新兴的电灯铺平了道路。

在 19 世纪 80 年代初，电灯的问世给人们提供了另一种选择的可能。美国发明家和企业家托马斯·爱迪生于 1882 年在纽约首次用电灯照亮了整个城区。由于对电灯的前景深信不疑，随后的一年埃米尔·拉特诺在柏林创立了德国爱迪生公司，即后来的通用电气公司（AEG）。尽管许多社区仍然抵制电力并投资建设煤气厂，但电力公司越来越多。电力不仅能用于照明，还可以驱动电动机和有轨电车。1888 年，德国有 16 家电力公司；1890 年，已经增加到 36 家；4 年后达到 139 家。随着交流电的引入，电力的地位得到巩固，变得更加廉价起来，煤气不再有吸引力，尤其在照明方面。1890 年左右，媒体和公众普遍认为煤气灯已经过时了，未来完全属于电灯。在此背景下，奥尔于 1891 年推出了改进的第二代奥尔煤气灯。与传统煤气灯相比，在相同亮度下其煤气消耗量仅为前者的五分之一。其另一个优势是：从基础设施来看，煤气供应管道已经铺设完善，相比之下，供电线路还很少。此外，与交流电不同，煤气便于储存。这些优势使得那些正在新建照明系统的社区最终选择安装了性价比高的煤气灯。在一些城市，如开姆尼茨，煤气灯有时甚至取代了现代电灯。世纪之交，电灯在家庭中的数量停滞不前，仅略有增加，而第二代奥尔煤气灯则迅速增加。

电的胜利

奥尔煤气灯在一段时间内降低了人们对电灯的兴趣，也取代了使用明火的传统煤气灯。出版商和历史学家沃尔夫冈·希维尔－布施观察到"火焰作为光源正在退出历史舞台"，因为在煤气灯中，火焰并不产生光，只是加热灯罩。然而，从中长期来看，电力的发展是无法阻挡的。随着金属丝电灯的发展，其在能耗方面比当时常用的爱迪生碳丝电灯更具优势，价格上也比煤气灯更便宜，这些都成为电灯的加分项。

此外，第一次世界大战后，电力公司和电器制造商还开展了一场精心策划的广告宣传。他们宣传使用电力照明不仅方便，而且安全，还强调没有爆炸或中毒的风险，也不会污染空气。特别是最后一点对于煤气灯的捍卫者来说是致命一击。煤气燃烧会产生炭颗粒，导致敏感人群出现头晕、头痛等反应；还会释放出少量的氨和硫，时间一长，会使天花板和墙壁变色，并沉积在家具上。

所有这些因素共同作用，促使 20 世纪初的人们相信电灯是比煤气灯更卫生、更现代和更舒适的选择。特别是在 1918 年之后，越来越多的家庭开始使用电灯。到了 1931 年，柏林大约一半的住宅使用电照明。这也意味着煤气灯作为一个替代选项在长达 40 年中仍然具有竞争力。甚至在今天，仍然有人使用煤气灯，例如在发展中经济体与新兴市场国家，以及露营地、高山小屋或船只中。现代的煤气灯使用的发光体是稀土金属钇和铈，而不再是具有微放射性的钍。

奥尔从这两种类型的照明中同时受益：他发明了煤气灯和金属灯丝。在开发煤气灯罩后，他立即涉足电灯领域，将稀土金属的非凡发光能力用于电灯。

"欧司朗"的诞生

奥尔认识到爱迪生碳丝电灯的缺陷后，尝试使用熔点更高、发光更强的金属进行实验。最终，他选择了锇作为灯丝材料。锇属于铂族金属，但非常脆弱，难以加工。为了能够将锇制成丝状，奥尔发明了"糊状法"。这种方法是将含锇的糊状物喷涂到基底上，然后切割成适当的长度；最后，将有机成分燃烧掉。1898 年，他获得了第一个金属丝灯的专利——锇灯。然而，制约工业化生产锇灯的真正瓶颈是锇的高昂价格。为了防止供应短缺和价格上涨，奥尔于 1898 年在特里巴赫的私人研究机构内建立了锇生产工厂。

他同时寻找不那么稀有可以替代锇的金属。他预先购买了全球范围所有可用的锇储备。他还为锇灯销售开发了一种以服务为导向的商业模式，确保报废材料流回他的公司，实现回收利用。他不出售灯，只将其租借给客户。使用期结束后，他会收回这些灯。可见早在 20 世纪初，奥尔就实践了"使用而非购买"的模式——正是当今最时兴的反消费主义。

从 1906 年开始，该公司逐步用钨（Wolfram[①]）取代了昂贵的锇（Osmium）。"欧司朗"（Osram）商标就是由这两个元素名称衍生而来的，它于 1906 年由德国煤气灯股份公司在柏林申请注册，后来成为该公司的名称。欧司朗公司是当时奥尔开办的 16 家公司之一，与维也纳阿茨格斯多夫的工厂合作，在 1906—1988 年生产欧司朗电灯。锇钨合金制成的灯丝提高了能源效率，能耗仅为碳灯丝的四分之一。

如今，欧司朗公司全球拥有约 33 000 名员工，年营业额达 56 亿欧元。该公司的总部已从柏林迁至慕尼黑。该公司决定不再专注于家庭餐桌上方的传统电灯。尽管受到前所有者和现任大股东西门子的批评，但是欧司朗公司仍然决定告别传统的电灯和卤素灯，转而将目光投向 LED 技术和盈利丰厚的汽车专用照明领域。

利用现有材料制造新产品

如今，位于奥尔公司创始地的特里巴赫工业股份公司也必须一次次地自我革新，以保持在欧洲的生产基地地位。他们早已停

---

① 钨元素的正式名称有两个"Wolfram""Tungsten"，目前国际纯粹与应用化学联合会（IUPAC）推荐的名称是"Tungsten"，元素符号"W"。

产了照明产品，但是奥斯曼伯爵创意工坊中的第二大产品打火石仍在生产。公司创始人坚信应充分利用现有的原材料，这种打火石由铀和铈以 99∶1 混合而成。来自巴西的独居石中铈含量为钍的 20～30 倍。此外，奥尔还发现了其他一些稀土金属，如镧、钕、镨，以及具有少量放射性的钍衰变产物和磷酸盐。在处理独居石时，除了得到高需求的钍外，还会产生大量的铈和其他稀土金属残留物。

　　除了生产煤气灯罩需要用到少量铈以外，到了 19、20 世纪之交，铈没有几乎任何用处。最初，独居石加工后的残留物"与阿茨格斯多夫工厂的废水一起被毫无价值地排放到列辛巴赫河。"奥尔认为在未来可能发现大规模利用铈和其他稀土金属的可能，很快就把这些污泥状的硫酸盐生产废料存放在工厂。这些所谓的"铈土"在一个专门建造的厂房里蒸发，这个厂房是模拟盐场建造的。残留物被储存在大型木屋中，木屋的设计使得那些附着在晶体上的红色溶液能流入一个倾斜的水槽，最终汇入收集容器。不久，储存空间耗尽，奥尔决定将生产废料临时存放在位于卡尔顿的特里巴赫 - 阿尔托芬工厂中。

　　1898 年，他在当地购买了一个空置的铁厂，并在那里建立了一个私人化学研究所，用于研究稀土化学的理论和实践问题。独居石制备的生产残留物是合适的研究样本材料。470 节火车车厢抵达特里巴赫，车厢装满了从阿茨格斯多夫运来的富含稀土、有轻微放射性的污泥。

奥尔并不是唯一寻求将生产残留物铈变废为宝的人。由于申请时存在争议，煤气灯罩在德国没有获得专利保护。除了德国煤气灯股份公司外，其他制造商也开始生产。他们从新建的钍工厂获得原材料。和阿茨格斯多夫工厂一样，那些钍工厂也堆积了大量的"铈土"，生产废料被保存起来以备将来利用。19世纪90年代以来，许多化学家都致力于研究这个问题，他们试图将铈用于玻璃工业、陶瓷和染料行业，或是利用铈来制造感光纸。1898年，米尔豪森工业协会设立了一个奖项来鼓励研发铈的应用。但接下来的几年里，这个问题仍然悬而未决。

点燃灵感：打火机的发明

奥尔最初尝试将铈盐用在电影放映机的电弧灯中，没有取得令人满意的效果。直到一次偶然的机会，他尝试用这些金属制造不同的合金，并测试这些合金的技术用途。他用一根细针粗细的铁丝作为阴极，在反应过程中，铁丝表面沉积了一些小小的铈块。

为了能够重复使用铁阴极，奥尔小心翼翼地将形成的铈金属从阴极上刮下。当他靠近阴极表面时，火花变得更加活跃。奥尔由此得出结论，阴极上形成了一种铈铁合金，用尖锐物体划破可以轻易引燃它。也许这些白热化的火花甚至能点燃气体和液体？

奥尔产生了一个新想法——利用这种"合金火花"来点火或者照明。除了铁，奥尔还尝试用其他金属，如镁、铜和镍来生产铈的合金。但这些金属并不像铁、铈那样适合制造点火石。1903年，奥尔申请了一项"火花合金"的生产专利，该合金由30%的铁和70%的铈组成，用于点火和照明。尽管在实验室中能够轻松制造出"奥尔金属"，但工业化大规模生产还是像之前的煤气灯罩一样困难而复杂。独居石残渣中含有大量磷元素，它渗透到铈铁合金中形成许多微小气孔，导致制成的点火石难以保存，很快就会崩解，化为粉尘。在最初几年里，特里巴赫化工厂（特里巴赫工业股份公司前身）一直处于亏损状态。为了降低企业风险，奥尔用他的全部私人资产作为抵押，并在1907年将公司改为有限责任公司。尽管起初面临一些困难，但奥尔的愿景很快实现了：之后每家商店不仅售卖火柴，还将提供采用铈铁合金点火石的打火机。1908年，特里巴赫化工厂厂长弗朗茨·法廷格成功改进了基于独居石残渣的铈铁制造工艺，制造出了无气孔的耐用合金。同年，工厂推出了首批300千克的块状铈铁产品，每块重达几千克。

从1910年开始，公司开始生产成品点火石和配套的打火机，最初是火柴盒式打火机，后来逐渐演变成了今天常见的摩擦轮打火机。随着产量的增长，特里巴赫化工厂从1910年开始盈利。点火石开始征服越来越多的海外市场，包括德国、法国、英国和美国。到1949年，全球生产了100万千克的铈铁——大致相当于今天的全球年产量。

危险的错误：放射性治疗

放射性研究是奥尔的第二个研究重点。他对放射性衰变的浓厚兴趣可能来自奥地利科学院在 1901 年的请求。奥地利科学院委托他在阿茨格斯多夫工厂处理来自波希米亚约阿希姆斯塔尔的铀矿石浸出残渣，并从中提取镭。总共涉及 10 吨的放射性材料。为了生产出少量的镭，需要大费周折，并且消耗大量化学药品。生产 1 克镭需要 10 吨矿石、3 吨盐酸和 1 吨硫酸、5 吨苏打和 10 吨煤炭。到 1907 年，阿茨格斯多夫工厂已经生产出了高达 4 克的溴化镭。这是第一次由一座化工厂提供出如此大量的令人垂涎的元素。在那里，德国化学家奥托·赫尼格施密德进行了第一次准确的镭原子量测定。尽管投入了巨大的时间和物质，且 1907 年镭的市场估价约为 200 万克朗 ①，但奥尔仅向奥地利科学院收取了 9 185 克朗的费用。显然，是科学兴趣驱使他从事这一项目。毕竟，通过这种方式，他有机会将处理废渣过程中产生的一部分放射性物质分离出来，开展自己的研究。实际上，他成功地分离出了其他纯净的放射性元素，如钋、锕和镅。

放射性现象以及玛丽·居里和皮埃尔·居里于 1898 年发现的第一批放射性元素钍、镭和钋，引起了医生们的极大兴趣。像 X 射线一样，强辐射的镭能够破坏恶性组织，因此被用于治疗癌

---

① 奥匈帝国自 1892 年到 1918 年解体期间发行的货币。

症。固体镭盐，如溴化镭或氯化镭，溶化后装在安瓿中，被用作肿瘤治疗的辐射源。该元素的水溶液也常被直接注射到恶性肿瘤中。在对放射性危险一无所知的情况下，最初的治愈成功引起了狂热，导致镭很快以不同的形式用于治疗疾病。风湿和痛风患者会嚼食含有用约阿希姆斯塔尔矿井水制作的含镭的硬干面包。医生们热情地推荐稀释镭盐溶液的饮用疗法。甚至在 20 世纪上半叶，日化产品如牙膏或浴盐中也添加了"似乎有益健康"的镭盐和镭同位素。

比黄金更值钱的氯化镭

在镭热潮期间，波希米亚和德国涌现了许多镭疗温泉。富裕的病人常常在豪华的环境里治疗他们的疾病。其他应用技术也对镭化合物有需求，如钟表表盘上的荧光添加剂。暴风雨般的需求推动了镭的价格急剧上涨，而镭只能以巨大的成本少量获得。1910—1915 年，1 克纯氯化镭的价格高达 200 ～ 240 千克黄金。随着镭的价值增加，人们对一些具有放射性的物质，如镭氡（当时对氡 -222 的称呼）、镭水（一种含有镭和钍的溶液）和新钍（镭 -228 和钍 -228）的兴趣也随之增加。这些物质都存在于独居石中，是制造煤气灯罩过程中提取钍形成的副产品。1903 年，奥尔凭借敏锐的商业直觉，采纳了员工海廷格的建议，开始测定独居石中的镭含量。这为他的商业帝国指明了未来的发展方向：

无论是阿茨格斯多夫工厂还是位于柏林的德国奥尔－格塞尔夏夫特公司，都在较早时候就积极涉足了有利可图的镭和钏的生产，并随着时间的推移不断开发出新的放射性产品。

在两次世界大战的间期，卡尔登的特里巴赫化学工厂里，化学家和工程师开始探索如何从独居石废料中提取放射性成分来盈利。根据该公司的编年史记载，1938 年这家奥地利工厂凭借其生产的镭 -228，成为世界上第三大放射性物质生产商。根据与奥尔公司的合同，卡尔登的特里巴赫化工厂无权自行开采独居石，而是要从柏林奥尔公司购买氧化铈和其他稀土元素氧化物的悬浮液。在处理所谓的湿氯化物过程中产生了大量的石膏废料，特里巴赫管理层希望进一步利用它们。在此背景下，1926 年人们发现石膏废料具有微弱的放射性，可以用于被冠以"土镭"名称的温泉疗养，泡澡药包用于治疗皮肤病，第一年就销售了 15 000 千克。取得成功后，公司很快就推出了多种不同剂量的土镭产品，同时生产放射性敷料和药膏。20 世纪 30 年代中期，特里巴赫化工厂决定生产非医疗用途的高浓度和高纯度放射性制剂。1935 年，工厂在此新建了一个部门——镭部。

同年，工厂生产了镭精矿、次钠精矿和放射性钍精矿。此外，工厂还将各种铀矿，如碳酸钙岩、钙铁矿或三镁钛矿加工成氧化铀；将放射性物质出售给德古萨化学公司用于制造陶瓷涂料。

在柏林北部的奥拉宁堡小镇，奥尔公司按照阿茨格尔斯多夫模式创建了另一家有资质的新钍制造工厂。在接下来的几年里，通过以"奥尔 X 光产品"的名义销售含有镭、中子锕或所谓的"钍 X"医疗和化妆制品，该厂发展成为全球领先的跨国企业。在德国，各种含有钍或其衰变物的微弱放射性制剂被称为"钍 X"，比如 1945 年之前由奥尔公司生产的 Doramad 牙膏就含有这一成分。直到 1945 年，牙膏的外包装盒上还印着："镭射线具有特殊生物疗效。经过牙医数千次的处方推荐。其放射性能提高牙齿和牙龈的防御力。""细胞被注入新的生命能量，细菌的破坏作用受到抑制。因此，在牙龈疾病的预防和治疗中功效卓越。"

　　在物理学家尼古拉斯·里尔的指导下，奥拉宁堡的奥尔公司在 20 世纪 40 年代为德国的铀项目生产了高纯度的板状或立方体状铀。1939 年，他们获得了德国军械局订单，在几周内建立了一个月产量 1 吨的铀氧化物生产设施。所需的矿石最初来自波希米亚亚希莫夫山谷的铀矿；在占领比利时后，改为来自当时比利时的殖民地比属刚果的铀矿。第一年，铀氧化物在柏林被进一步加工成纯铀。1940 年开始，这项工作在法兰克福的德古萨公司的铀熔炼厂进行——该公司于 1934 年被并入奥尔公司——1944 年开始，又在柏林 - 格林

放射性牙膏"Doramad"

（来源：MTA-R.de）

瑙设立了另一个熔炼厂。从这里，铀被分发给莱比锡、柏林和戈托的研究小组——他们致力于开发"铀机器"，即核反应堆。

奥拉宁堡生产铀氧化物，是导致其在第二次世界大战（以下简称"二战"）末遭遇最猛烈空袭的原因之一：1945年3月15日，4 022枚炸弹在50分钟内落在奥拉宁堡的奥尔公司的场地上，彻底摧毁了它。公司储存的铀氧化物在整个城市散落，使其至今仍受放射性污染。遭遇猛烈轰炸的原因是美国和苏联之间的原子弹竞赛。显然，美军打算在苏联红军到达工厂前，摧毁氧化铀生产设施和所有书面记录。"二战"之后，奥拉宁堡工厂没有重建。而奥尔公司在西柏林重建。1958年，它与美国公司矿用安全设备公司（MSA）合并，一直生产照明材料，直至1992年停产。煤气灯罩的生产则持续到2004年，最终，生产权被转让给了印度财团PRabhat Udyog的子公司，生产线也转移到印度。如今，印度既生产含微弱放射性钍的灯罩，也生产不含钍的非放射性灯罩。

1945年后，特里巴赫化工厂停止了生产放射性医疗制品，因为辐射对健康的危害不容忽视。1年后，军政府征用了工厂的全部放射性制剂和铀化合物库存，彻底结束了特里巴赫放射性制剂的生产。昔日利润丰厚的独居石提取物如今变成了一个问题。稀土元素与钍、铀等放射性元素的关联性，是稀土生命周期分析难以评估的原因之一。放射性给开采和生产稀土的国家带来了重大环境和健康问题，但在可再生能源、光学以及医疗技术等许多应用领域，稀土的应用又解决了许多环境和健康问题。

第三章

工业"维生素"

稀土凭借其出色的光学特性在特定用途上发挥着关键作用。独特的磁性和催化性能使得它们在现代高科技工业、电子和可再生能源领域的应用中不可或缺。尤其在"绿色"环保技术方面，稀土扮演着关键角色。助力可持续性发展赋予了它们一种"绿色形象"。这种积极形象与其制造过程中对环境和社会产生的负面影响形成了鲜明的对比。然而，从纯数据和整个生命周期评估来看，产品使用带来的积极效果至少部分抵消了制造阶段对环境和健康的损害。

稀土价格现在已经回落，但它们对于工业来说依然重要。在2014年，欧洲委员会将稀土列为关键资源，因为它们对经济至关重要，且存在着较高的供应短缺风险。关键资源的定义还包括：一是很难被其他物质替代，二是回收利用率较低。稀土符合这两个标准。欧洲委员会确定了20种战略性重要的原材料。这些原材料对于经济发展、环境技术的发展和数字议程（德国联邦政府希望积极推动和塑造社会生活的数字化进程）的实施至关重要。

工业不可或缺

　　大约在 20 年前，稀土的重要战略价值才得到认识。当时，新的通信技术和娱乐技术的发展需要依赖稀土。同时，气候变化和资源短缺的威胁也使得人们对可持续能源和环境技术的需求增加。这些技术很大程度上依赖稀土。直到 20 世纪 90 年代初，稀土的应用主要集中在冶金、石油炼制、玻璃和陶瓷制造以及其他领域应用。

　　目前，稀土已经形成了 7 个主要的应用领域，近 93% 消耗量分布在这些领域，其余 7% 用于如化肥、颜料、动物饲料添加剂、医疗应用或激光技术等。目前还没有这些领域的精确数据。在使用方面，稀土的特点是用量少，但却能赋予产品独特的性质。

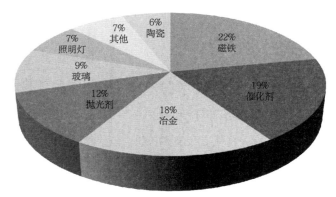

稀土的主要应用领域

（来源：Adler & Müller, 2014；Schüler et al, 2011）

日本有一句流行的描述:"钢铁是面包,石油是血液,稀土是工业的维生素。"这句话经常被工商界和政界引用,因为几乎所有现代高科技产品都离不开稀土。奥格斯堡大学资源战略教授、化学家阿明·雷勒创造了一个恰如其分的术语"调味金属"。就像在一道菜里调味赋予了食物独特的口味一样,调味金属赋予了产品独特的性质。除稀土外,调味金属还包括钼、铌、钽、镓、锑或铂族金属等其他技术原材料。调味金属通常是产品链中重要部件的组成部分。如果缺少它们,某些零部件就无法制造。调味金属短缺可能限制或中断整个生产链。

环境、娱乐和电信行业尤其离不开稀土。稀土存在于平板电视、笔记本电脑、智能手机、CD 播放器或其他电子设备中。在某些类型的风力涡轮机或电动汽车中也能找到稀土,因为它们被用于制造磁铁和电池等组件。稀土磁铁比传统材料制成的磁铁更坚固、更轻,这使许多现代电子设备变得越来越轻薄。

医疗技术和军事领域也很难离开稀土。医生在影像诊断中使用稀土制成的对比剂。军队使用稀土制造的夜视仪或巡航导弹。

汽车排气管中的催化转换器使用镧和铈来净化废气。节能灯和 LED 灯需要钇、铕和铽。电视屏幕上的红色来自铕,军事领域夜视雷达系统中的绿色来自钆。

一些稀土元素被掺入合金中以改善性能。燃料电池或磁冷却等未来技术也需要用到稀土。稀土的应用例子还有很多,可以说稀土构成了整个工业的基础。大多数产品中只含有一种或多种微量稀土元素。但某些产品中稀土元素的含量也会比较高。例如，丰田普锐斯混合动力汽车的发动机使用了约 1.3 千克永磁体，其中约 30% 为钕。在巨型风力发电机中，钕的用量甚至可能高达 1 吨。在复杂的产品中，稀土元素常常出现在多个产品组件中。

稀土元素常见应用见表 3-1。

表 3-1　稀土元素常见应用

稀土元素	符号	应用
钪	Sc	燃料电池、荧光粉、航空、核应用、半导体、催化剂、X 射线技术、牙科陶瓷
钇	Y	荧光粉、电容器、雷达系统、超导体、金属合金、永磁体、宝石、激光技术
镧	La	催化剂、陶瓷、玻璃、荧光粉、颜料颗粒、电池、制药、氢储存
铈	Ce	催化剂、荧光粉、电池、陶瓷、玻璃、合金、抛光剂、化学分析
镨	Pr	催化剂、陶瓷、玻璃、颜料颗粒、永磁体、合金、防腐、激光技术
钕	Nd	永磁、催化剂、过滤器、激光器、颜料颗粒、玻璃
钷	Pm	微型核电池、测量仪器、航天技术
钐	Sm	永磁体、核能应用、航天、微波滤波器、合金、荧光粉、激光技术、催化剂、中子吸收剂
铕	Eu	荧光粉、激光技术、中子吸收剂
钆	Gd	荧光粉、陶瓷、玻璃、医学成像、永磁体、磁性检测设备、合金、催化剂、超导体
铽	Tb	荧光粉、传感器、雷达技术、燃料电池、磁光存储器
镝	Dy	永磁体、催化剂、陶瓷、核应用、激光技术、荧光粉、中子吸收器
钬	Ho	永磁体、陶瓷、激光技术、核应用、荧光粉、合金、催化剂
铒	Er	陶瓷、玻璃着色、玻璃纤维放大器、激光技术、核应用、合金、颜料颗粒、催化剂
铥	Tm	电子束管、医学成像、激光技术、X 射线技术
镱	Yb	电容器、雷达系统、超导体、X 射线技术、激光技术、合金
镥	Lu	单晶闪烁体、催化剂、医疗技术、激光技术、超导体

（来源：Zepf et al, 2014；Haque et al, 2014；Adler & Müller, 2014）

高科技工业材料

随着技术的进步，稀土的应用领域也扩大了，包括电子和通信、微系统、汽车制造、军事以及能源和环境。在能源和环境领域，很多当前的可持续性问题解决方案都依赖稀土（表3-2）。

表3-2 基于稀土应用的绿色技术选择

问题	解决技术方案
节能	节能灯和 LED 应用荧光粉 磁冷却
能源相关二氧化碳排放	风能 固体燃料电池 电动和混合动力电机
环境保护	汽车废气催化剂 镍氢电池（代替镍镉电池） 消费品小型化（节约资源）

未来技术的磁铁

可持续性是稀土的重要增长驱动力。在磁铁领域，这点表现得尤为明显。全球范围内，风力发电设备、混合动力和电动汽车等对含稀土的永磁体需求正在增加。工业国家和新兴国家都在积极采用这些技术。

直到20世纪60年代中期，人们主要使用铁（铁氧体）或铝镍钴合金（AlNiCo，由铁、铝、镍、铜和钴制成的合金）来制造磁铁。稀土元素大部分具有磁性，近十年来，材料科学家开始系统地研究稀土合金，以开发新的磁性材料。最初，他们发现了几种钐钴合金具有较高的磁力，能够制造小型的高性能磁铁。

20世纪70年代末，首次研发出了钕铁硼（NdFeB）磁体，钕的含量约为30%。这种磁体比钐钴（SmCo）磁体磁力更强，且价格更便宜，很快就在许多应用领域中取代了钐钴磁体。铁是钕铁硼磁体的基础材料。铁相对于钴，更便宜、更常见。

如今，稀土永磁体成为最强大的磁铁。例如，钕铁硼磁体可以吸起自身重量2 000倍的物体，这也是它们被称为"超级磁铁"的原因。制造商常常宣传说，1枚一分钱硬币大小的钕铁硼磁体可以吸起1台吸尘器。即使是很小的磁铁，用手也很难将其与被吸物体分开。超强的磁力源于具有强磁性的钕。添加钕能使标准铁磁体的能量密度提高76倍。永磁体是稀土的主要应用领域，约21%的稀土产量用于磁体生产。

然而，相比钐钴磁铁，钕铁硼磁体的耐热性较差，80℃以上，就会失去磁性。在风力发电机或电动机中可能会达到这样的温度。为了适应高温环境，通常需要在钕铁硼磁体中添加3%～5%的镝，有时也会使用铽、镨或钬。通过这种"掺杂"，即添加其他稀土元素，磁体变得适用于高温。钕铁硼磁体还有另一个弱点：容易生锈。因此，在大多数应用领域中，需要用镍、铜、锡、铝或环氧树脂对其进行涂层保护。涂层不会影响磁性，但会增加后续回收的难度。

稀土磁体现在被广泛应用。昂贵的钐钴合金主要在军事领域应用，如导弹控制系统或航空航天领域。

钕铁硼磁体的应用更为广泛。它被广泛应用在许多绿色技术和生态产品中，如无齿轮风力发电设备、混合动力汽车和电动车。此外，它还被用在汽车发动机启动器和诸多汽车小型发动机上。一些车辆中安装有多达200个这样的小型发动机。仅在可调节座椅上，集成电动机的数量已经超过了20年前整车电动机的数量。

钕铁硼磁体还用在电动自行车、工业电机和磁共振设备上。另一个重要的应用领域是电子产品，如手机、数码相机、计算机、MP3播放器、摄像机或硬盘驱动器等。由于磁力强大，即使是小型稀土磁体也具备很高的性能。轻量化的设备不仅提升了用

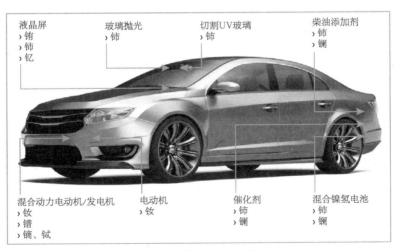

稀土在现代汽车中的应用

（来源：in Anlehnung an Hypo Vereinsbank 2011）

户体验，而且更为环保，节省了资源。通信和娱乐电子设备中稀土磁体的用量从几毫克到克。一套手机组件（包括机身和耳机）磁体平均重为 1.1 克，其中含有 26% 的钕和 5% 的镨。

在无齿轮风力发电设备中，需要用到大量的稀土永磁体。传统异步技术在传动系统中不需要永磁体，而无齿轮风力发电机（直驱系统）需要大量高性能的钕永磁体。据估计，每兆瓦安装功率的磁体平均重约为 550 千克，其中钕含量为 30%，相当于每兆瓦安装功率 165 千克钕。混合系统的磁体平均重预计为每兆瓦 200 千克。大型的无齿轮风力发电设备可能要安装 2～3 吨的钕铁硼磁体。

工具灯

目前，全球稀土产量的 8% 用于生产荧光材料。荧光材料的特征是受到光激发后，会发射特定波长的光。这种现象被称为荧光。一般来说，荧光粉由一个晶格结构构成，其中包含少量的外来离子。这些外来离子能促进荧光产生，具有特殊的光学特性。通常由稀土元素来充当外来离子的角色，并作为荧光粉的活化剂或增敏剂。荧光粉晶格结构本身也可以由稀土元素构成。荧光粉的活化剂主要使用铕、铽、铈和钕；增敏剂通常使用镱、铽或镨，有时也会使用镥、钆和铒。荧光粉的晶格结构中含有的稀土元素主要是钇和镧。

含有稀土元素的荧光粉能够提供高能效和高色彩质量的光

线。它们在日常生活和工业的许多领域几乎是不可或缺的，如电视机和电脑显示器的阴极射线管、电子设备的液晶显示屏、X 射线探测器、氧气传感器、雷达设备、荧光材料，以及节能灯等。红色荧光粉通常用到氧化钇与铕；绿色荧光粉通常使用铽或钆作为活化剂；蓝色荧光粉通常使用铕作为活化剂。现代 LED 汽车大灯产生温暖的黄色调光，通常来自氧化钇和铈。

目前，节能照明系统，如荧光灯或 LED 灯，几乎无法离开稀土元素。但与逐渐被市场淘汰的节能灯相比，荧光灯或 LED 灯使用的稀土元素要少得多，前者单位光通量所需的稀土元素是后者的 30 倍，且使用寿命更短。作为照明市场上下一个重要的发展方向，有机发光二极管（OLED）则更进一步。它们目前只需要极少量的稀土元素，并且未来有望完全不依赖稀土元素。

催化及清除作用

17% ～ 20% 的稀土被用在工业催化剂和汽车废气催化剂中。工业催化剂提高了技术过程的能效。汽车废气催化剂降低了车辆的污染排放量，将燃烧引擎产生的主要污染物转化为无毒化合物。在铂族金属铂、钯或铑的催化作用下，有害的一氧化碳、碳氢化合物和氮氧化物被氯化成了二氧化碳、氮气和水。镧和铈提升了催化剂的效率，使其更耐高温；同时还能节省下宝贵的铂族金属。在柴油车中，氧化铈可分解和氧化颗粒有机碳（如烟灰）。

这些元素还可以从废气中去除氮氧化物。全球汽车销量不断增加，对含有稀土元素的三元催化剂需求也随之增多。2014年，用于汽车废气催化剂的稀土元素需求量约为 8 800 吨。根据专家估计，到 2018 年该需求量将达到约 11 000 吨。

化学工业使用稀土作为各种生产制造过程的催化剂。铈、镧和钕可以催化高沸点石油产品裂解。丁苯橡胶（苯乙烯 - 丁二烯橡胶）的聚合过程中使用了镧、镨和钕。镱是烷基化反应的催化剂。该反应将烷基基团（由碳和氢原子构成的链）通过化学反应连接到分子中。钐被用于催化脂肪醇脱氢，即去除脂肪醇氢原子的反应。

未来的汽车交通

直到 20 世纪 90 年代，镍镉蓄电池（NiCd 电池）曾是提供给终端用户的最常见可充电蓄电池。使用这类电池的同时，人们将有毒的重金属带到家中。为了寻找更环保的能源储存解决方案，研究人员将镉替换为金属氢化物——一种金属与氢的化合物，得到了镍氢电池（NiMH 电池），它已经成为稀土元素在能源领域的重要应用。除了镍和钴，镍氢电池还含有"镧混合金属"——由镧（60%）、镨（20%）、铈（10%）和钕（10%）混合而成。与镍镉电池相比，相同电压下，镍氢电池的能量密度约为前者的 2 倍。它们被设计制造成小型电池，广泛用于家用电器，如电动牙刷，剃须刀，无绳电话，电动工具，GPS 设备，音频、拍照和录像设备，以及遥控器。

20 世纪 90 年代后期以来，镍氢电池也出现在电动汽车和混合动力汽车中。例如，1997 年开始在丰田普锐斯中使用。如今，普锐斯的电池重约 37 千克。阳极材料中稀土元素含量超过四分之一。丰田普锐斯是第一款成功大规模生产的混合动力汽车。截至 2011 年，销量已经超过 400 万台。尽管电动汽车目前被视为未来的交通方式。但镍氢电池不一定能乘势而上。虽然镍氢电池仍然被广泛用于混合动力汽车，尤其是在亚洲市场。但在纯电动汽车中，镍氢电池现在已经被锂离子电池取代。锂离子电池几乎不需要稀土元素，具有极高的能量密度，储能能力约为相同尺寸的镍氢电池的 2 倍左右，还有使用寿命长、没有记忆效应等优点。可以预见，它会在中长期内取代混合动力汽车中的镍氢电池。

镧和铈在能源储存领域还有其他用途。镍铈合金或镍镧合金可以高效地储存氢气，因为它们可以在室温条件下将氢分子嵌入其金属晶格的间隙中，当被加热时会释放出氢分子。从安全性、能源效率和储存容量的角度来看，用稀土金属氢化物储存氢气优于压力储存法和液化气储存法。

没有稀土就没有"绿色增长"

根据目前的知识，无论是磁冷却、燃料电池、超级合金或创新的水处理技术，都离不开稀土。磁冷却目前仍处于开发阶段，被认为是目前流行的压缩热泵技术的一种替代方案。

磁热效应的基本原理早在 19 世纪末就为人所知。它指的是在强磁场中某些物质释放热量的现象。一旦磁场被移除，这些物质会再次冷却。在磁制冷过程中，磁热材料通过持续的旋转运动被磁化和去磁。当材料被磁化时，会释放热量；当材料被去磁时，则吸收热量，从而产生冷却效果。与传统的压缩式冷却机相比，磁制冷不仅耗能节省了大约一半，而且因为不需要使用对臭氧层有毒有害的制冷剂，更加环保。根据最新估计，这项技术在全球范围内可以减少高达 15% 的用于冷冻和冷藏领域的化石燃料[①]。然而，目前磁热物质对终端消费者来说仍然过于昂贵。第一批实验材料含有相对稀缺和昂贵的钆。最新的发展则改用镧、铁和硅的化合物，价格更加实惠。相关的试验产品正在进行测试。但市场对新型制冷技术的接受度很难预测，目前还不清楚它是否只进入中高端市场，或者能够扩展到更大规模的消费者群体中。

燃料电池被寄予了减轻环境负担的希望。燃料电池是一种能够直接将燃料的化学能转化为电能的电化学装置。在传统的能源获取中，使用的是按照间接能量转化原理运作的热能机械设备。这种方法首先产生热能，然后将其转化为机械能，最后转化为电

---

① 化石燃料，又称矿物燃料，指埋藏在地层中的不同地质年代的植物、动物遗体形成的可燃性矿物。包括煤、石油、天然气等。

能。在燃料电池中，氢与氧反应生成水，释放出能量，从再生获得的氢气中产生能量。燃料电池可基本分为六种类型，区别在于使用的电解质及发生电化学过程的工作温度。

氧化铸陶固体燃料电池（SOFC）被认为是一种很有前景的高温燃料电池，适用于固定设施。它在约 1 000℃的高温下工作，使用固态电解质。由于工作温度高，除了天然气，还可以使用特殊气体。SOFC 被认为具有巨大潜力，但与其他类型的燃料电池相比，它的发展速度较慢。据专家估计，应用稀土元素钪，可以加快 SOFC 的市场推广速度，因为它可以将电解质的工作效率提高 3 ～ 5 倍。这样一来，SOFC 的工作温度就可以降至 750 ～ 800℃，较低的温度适用更简单和便宜的材料，如钢，从而降低了整体成本。

未来环境技术的另一个例子是新的水处理方法。这一方法由美国军方与加利福尼亚帕斯矿山的开发商莫利矿业公司合作研发。该方法的原理是用稀土与药物、染料、重金属、细菌和病毒形成一种稳定且易于分离的复合物。该方法可应用于不同领域：采矿中，可以帮助去除生产废水中的砷等有毒重金属；在公共污水处理、饮用水净化以及游泳池清洁方面，也有很好的应用前景。

数量未知

稀土作为调料金属，虽然无处不在，但用量不多，因此许多消费者并不关注稀土。令人惊讶的是，这种情况在企业中亦然。2013 年 6 月德国科隆经济研究所的一项调查显示，约 2 000 家受访企业中，近三分之一并不确切了解其产品所需的原材料或其前端产品所含的成分。

当然，大宗原材料，如铁、铝、玻璃或塑料的情况他们还是熟悉的，缺乏了解的是技术金属，如钨、钴或稀土。调查机构对这一出乎意料的结果给出的解释是，许多企业从世界各地的供应商那里采购预制组件用于生产。磁铁或电子元件通常来自中国或其他亚洲国家。因此，企业并不清楚这些进口的成品中包含哪些原材料。

然而，作为德国政府咨询机构的德国矿产资源机构（DERA）警告企业，不要忽视原材料供应的问题。

"企业应当尽早关注国际大宗商品市场的动向，考虑可能的替代策略"，德国矿产资源机构负责人彼得·布赫霍尔茨在 2016 年夏季柏林的一次活动中表示。此前，位于卡尔斯鲁厄的弗劳恩霍夫系统与创新研究所受德国矿产资源机构委托，估算了未来技术对技术金属的需求量。科学家们预计对稀土的需求未来将大幅增长。

第四章

全球稀土市场

我们已经进入了"中国时代"——至少在稀土供应方面如此。即使在讨论了多年之后，中国仍然主导着全球市场。尽管 2010年后中国的垄断地位似乎有所动摇，其稀土产量在全球市场的份额从 98% 下降到约 80%。但 2015 年，中国以外的两家稀土矿其中一家不得不再次关闭，另一家也在艰难求生中。

不同元素之间存在明显的价格差异。其中，重稀土元素比轻稀土元素更贵，因为它们在大多数矿床中的含量较低。单个元素的价格也受到提取和分离过程的成本影响。重稀土元素的成本要高于轻稀土元素。影响稀土价格的其他因素还包括需求和对品质的特殊要求。

稀土市场的分析师不得不面对一个问题——在相关文献中，很少能找到关于稀土生产和消费的可靠一致数据。例如，美国地质调查局（USGS）估计 2013 年全球稀土氧化物产量为110 000 吨，而德国联邦地球科学和自然资源研究所（BGR）估计的同年产量为 90 500 吨。这种差异可能是由于主要出口国中国的数据不足。

所有提及的数据，包括本书中的数据，都是粗略估计的，无法获得精确数据。尽管如此，这些数据仍然可以反映出重要的发展趋势。

稀土开采的三个时代

过去 150 年，稀土市场可以分为三个发展阶段：独居石时代、帕斯矿山时代和现如今的中国时代。

独居石时代始于 1885 年，即稀土开始在工业中使用，直到 1965 年结束。在此期间，稀土主要来自独居石，也被称为独居砂矿。它们大多来自印度或巴西。20 世纪 50 年代，南非发现了新的独居石矿床。稀土在当时也作为铀、铌或锡等矿产开采的副产品出现，尤其是在马来西亚。在独居石时代，主要提取轻稀土和铈合金。重稀土只能以非常少量的纯金属形式获得，且缺乏技术应用场景，它们被视为实验室的珍宝。

帕斯矿山时代始于 1949 年。人们在对美国加利福尼亚州莫哈维沙漠边缘的帕斯山进行地质考察时，发现了富含轻稀土的大型巴斯特纳石矿床。美国莫利矿业公司获得了开采许可，并开发了帕斯矿山。该矿在 1965—1985 年成为全球稀土开采的龙头，并在很长一段时间被视为世界上唯一的纯稀土矿。

在帕斯矿山时代，美国实现了稀土的自给自足。美国在当时是铕的主要产地。铕被用于生产彩色电视和电脑显示器的显像管需要的红色荧光粉。20世纪60—70年代，彩色电视机在美国家庭中普及起来。对铕的需求增加了，帕斯矿山的重要性也随之提升。除铕外，该矿还生产镧、铈、钕以及镨等稀土元素。新研发的液体萃取工艺实现了这些稀土元素的工业化生产，促进了稀土在新技术应用领域的发展。20世纪80年代，中国开始崭露头角，成为稀土生产国，标志着帕斯矿山时代的结束。

中国时代开启于20世纪90年代，此前经历了一个漫长的准备阶段。中国稀土的崛起与一个人息息相关，他就是化学家徐光宪。这位"稀土之父"为中国稀土在全球市场上占据主导地位铺平了道路。他在理论和应用领域发表了大量稀土化学方面的学术论文，开发了新的提取技术，使高纯度稀土氧化物的大规模生产成为可能。他在自己的祖国备受尊敬。1987年，他创立了稀土化学与物理开放实验室，现在称为"稀土资源利用国家重点实验室"。

稀土生产在中国真正开始蓬勃发展，是在对内蒙古白云鄂博矿床的深入利用之后。1927年和1934年，人们在那里发现了大量的铁矿石、独居石和碳酸镧矿。20世纪50年代，包头钢铁公司开始开采铁矿，稀土只是副产品。60年代，中国南方省份发现了其他稀土矿床，最终引起了政府对稀土资源的兴趣，促使其启动了稀土化学领域的第一个研发项目。随着全球对稀土需求的增长，中国生产的稀土市场份额也在增长。

1978—1989 年，中国稀土产量年平均增长 40%。20 世纪
90 年代初，中国最终成为全球稀土生产的头号大国。

中国的市场领导力

20 世纪 90 年代，中国开始大规模下调稀土价格。美国莫利
矿业公司等竞争对手毫无招架之力，只能不断降低产能。中国的
领先受益于这样一个事实：稀土是作为铁矿石开采的副产品在白
云鄂博生产的，几乎没有额外成本。此外，凭借低廉的劳动力成
本，中国进一步降低了价格。1999 年，美国加工的稀土 90% 以
上直接或间接来自中国矿山。2002 年，前世界龙头企业莫利矿
业公司彻底停止了帕斯矿山的采矿业务。多年来的价格压力和
稀土生产导致的巨大环境问题，最终使生产无利可图。2001—
2014 年，中国一直占全球稀土交易总量的 90% 以上。在中国，
三家国有矿山占据主导地位，市场份额超过 80%。它们是内蒙
古包钢稀土高科技股份有限公司［现更名为"中国北方稀土（集
团）高科技股份有限公司"］、内蒙古包钢和发稀土有限公司和淄
博加华新材料资源有限公司。21 世纪初以来，中国一直有目的地
实施产业战略，即在本国建立完整的稀土价值链。为此，中国限
制了未加工的稀土氧化物等稀土原材料的出口。20 世纪 90 年代，
尤其是 2000 年以来，各种经贸政策措施都有针对性地促进和支
持工业金属加工企业的发展。

其中一项措施是收购稀土消费行业的外国高科技公司，将其迁至中国。几年前的一个案例是，两家中国公司与一家美国投资者合作收购了美国磁铁制造商麦格昆磁公司。麦格昆磁公司是美国印第安纳州汽车制造商通用汽车的子公司。该公司使用钕铁硼生产永磁体。直到1995年中国公司提出收购之前，麦格昆磁公司都是从稀土生产商莫利矿业公司购买原材料。当时，美国政府批准了这项交易，条件是中国买家继续在美国经营该公司5年。

另一种办法是通过激励和优惠措施吸引外国从事稀土加工的高科技公司到中国投资建厂。据称，中国政府向外国企业承诺，如果将生产转移到中国，将得到稳定供应稀土。此外，在白云鄂博附近还建立了一个类似硅谷的稀土产业园区——包头国家稀土高新技术产业开发区，旨在吸引更多外国企业入驻，推动国内高科技产业的发展。

除了建立自己的稀土消费产业，中国还试图扩大对本国以外稀土生产的影响。例如，在最近一次经济危机期间，两家澳大利亚矿业公司——阿拉弗拉资源公司和莱纳斯公司资金波动时，中国企业出手收购了前者25%的股份，对后者的股权收购则未能成功，原因是该交易受到了澳大利亚政府的干预。此外，外国企业在中国设厂的一个原因是，出口未加工的稀土氧化物和稀土金属需要缴纳15%～25%的关税和增值税，而出口稀土产品则免缴关税和增值税。

此外，自世纪之交以来，中国稀土出口一直受到配额限制，出口配额连年减少，中国国内的需求却逐年上升。2006 年，中国出口了 61 560 吨稀土氧化物。到了 2011 年，由于与日本的领土争端，中国将稀土出口量减少至 30 246 吨。

中国限制稀土出口的理由包括：中国国内稀土需求不断增长，以及稀土生产造成了严重的环境问题，希望通过减少出口配额来降低对环境的破坏。2011 年，中国环境保护部（现"生态环境部"）对稀土开采引入了更严格的环境法规和监管措施，旨在保护环境，更好地监管稀土产业。中国政府表示，目标是在未来更有效、更可持续地构建整个稀土产业。

中国的出口限制给采购市场带来了巨大的不确定性和价格动荡。特别是 2010 年底，稀土价格飙升，并最终达到历史高位。此前，主要的消费国在很大程度上忽视了中国主导地位可能所带来的风险，或者至少默许了这种情况发生。现在人们担心"中国可能会进一步利用地缘政治优势，在发生冲突，或是国内需求增长的情况下，进一步减少乃至完全停止出口"。此外，由于自然灾害（如地震和洪水），或者其他原因导致的生产中断，也成为供应链安全的潜在风险。

来自中国的压力

中国和日本之间的冲突，加剧了稀土消费国的担忧。2010

年秋季，中国曾短暂停止向经济强大的邻国日本出口稀土。作为回应，日本制定了一项《确保稀有金属稳定供应战略》，旨在保障稀缺金属的供应链稳定性。美国和欧洲也制定了反制策略，以减少对中国的依赖。

全球范围内，已启动了多个稀土勘探项目。截至 2012 年 11 月，已在 37 个国家探明了 442 个项目。据加拿大资源部称，加拿大拥有全球已知稀土储量的 40% 左右。2015—2016 财年，加拿大拨款 1 600 万欧元用于支持稀土的开采和生产。该计划为期 5 年，包括投资环保的分离技术。然而，这笔资金实际上微不足道：小型矿山项目的投资成本都需要 2.7 亿～ 3.4 亿欧元。目前加拿大有大约 200 个开采项目，第一批预计将在 2020 年投产。加拿大稀土的供应的规模和实际运营情况尚不得而知。开发新的矿床不仅需要很长时间，而且需要巨大的资金投入。考虑到这个原因，美国决定先重新启用 2002 年关闭的加利福尼亚帕斯矿山。在澳大利亚，莱纳斯公司已于 2007 年开始了韦尔德矿山的第一阶段稀土开采，然而，由于当时缺乏精炼设备，生产规模和效率大大受限。

德国政府决定与哈萨克斯坦和蒙古等国签署原材料伙伴关系协议，以实现资源供应的多元化。此外，德国政府还鼓励发展稀土产业的循环经济，并加强了在替代技术和资源效率领域的研发工作。所有这些都是为了削弱中国在稀土市场上的主导地位。

最终战胜中国？

与此同时，欧洲、日本和美国对中国的出口限制采取了"联合行动"：2012 年 3 月，他们向世界贸易组织提出申诉，防止"中国设置贸易壁垒"。"消费国家"取得了胜利，他们的诉讼于 2014 年 3 月得到了支持。世界贸易组织并未采纳中国的论点，即中国希望通过出口限制来降低稀土开采对环境的影响；相反，世贸组织认为这些措施是保护本国市场和促进国内消费的手段。

世界贸易组织的裁决是否产生了影响无从考证，因为裁决发生在稀土需求和价格都大幅下降的时候。这也可能是中国 2015 年初放松对稀土的限制，包括放宽了出口配额和关税限制的原因。根据德国联邦地球科学和自然资源研究所的数据，2009 年全球稀土生产创下了约 133 500 吨的记录。4 年后，稀土年产量只剩下了 90 500 吨，下降了约三分之一。研究人员指出，出口配额从未得到充分利用，因此对中国来说解除出口限制并不困难。无论如何，中国政府当时的真正目标已经实现——这个曾经的出口国和原材料供应国在短短几年内就转变为高科技生产国。

中国现在不仅在稀土市场占据主导地位，还主导着下游的消费行业，如电池、催化剂或磁体的生产制造。这反映了中国工业对这些产品日益增长的需求：2001—2011 年的 10 年间，中国对稀土的需求量所占的全球份额从 30% 增长到 70%。同期，中国不断积累外国企业来华建厂时带来的技术、知识，中国在环境技术领域的长足进步也受益于此。

虽然目前国际市场上的稀土价格和供需状况有所缓解，但基本情况没有太大变化。2014年，由于澳大利亚韦尔德矿山投产、美国帕斯矿山重启，中国稀土产量的市场份额下降到90%以下，但中国的市场主导地位依然稳固，尤其在重稀土方面。韦尔德矿山、帕斯矿山都无法供应大量的重稀土。俄罗斯科拉半岛的洛沃泽矿床自1951年以来，一直将稀土作为副产品开采，但该矿床也主要生产轻稀土。

出人意料的价格下跌威胁着未来的供给形势。2011年秋季以来，稀土价格出人意料地下跌，危及了中国以外的矿山的生存和扩张。韦尔德矿山由于缺乏盈利能力，不得不再次关闭。美国莫利矿业公司的股价2011年每股超过74美元；到2015年2月初，投资者只能以70美分每股贱卖。不久之后，该公司申请破产。莱纳斯公司的股票也有同样的遭遇。同期，该公司股价从每股超过2.50澳元下跌到0.045澳元。稀土价格的下滑也影响了规划中的新矿项目推进。例如，原定于2015年年底开发的格陵兰岛科瓦内湾矿床开工时间被无限期推迟，原因是当前环境下，开采稀土不具备盈利能力。

难以理解的波动

稀土市场与其他许多金属市场的运作方式不同。稀土的交易量相对较小。2013 年，全球稀土氧化物的交易量不到 11 万吨。相比之下，2010 年全球生铁产量为 1 031 亿吨。稀土没有一个成熟的交易平台，买卖双方不在交易所进行交易，生产商单独与客户就商品的价格和品质进行谈判。目前，文献中找到的公开价格指标只能大致反映市场状况，因为交易并不透明。

根据公开信息，近年来稀土价格毫无疑问经历了非常剧烈的动荡，尤其最近这段时间。价格波动并不总是与供需关系直接相关。例如，2009—2011 年，钕和镝的价格在短时间内上涨了 20～30 倍，铈的价格甚至涨了 40 倍；2012 年后，价格又大幅下降；2013 年，总体趋势仍然动荡不定。这并不是一个新现象。自 20 世纪 50 年代以来，稀土一直存在明显的价格波动。这主要与供需结构的变化、各种环境和经济因素有关，如环境法规的变化、能源成本的变动或通货膨胀等。

例如，1958—1971 年，由于帕斯矿山投入运营，稀土市场的价格出现下降。随着开采量大幅增加，钕和其他稀土元素的应用范围进一步扩大。一直到 20 世纪 70 年代末，供应和需求的增长都相对平衡。此后，由于通货膨胀，能源价格上涨，导致生产成本增加，稀土价格开始上涨。经历了一段稳定期后，稀土价格开始回落。新出台的环境法规迫使美国石油工业在其炼油厂中使用其他催化剂来完成流体催化裂化过程。一时间，稀土的需求减少了。接下来的几年里，稀土的产量和价格都下降了。

缺乏平衡

2000 年初，由于永磁体制造量的增加，市场对钕和镝的需求也增加了。中国开始大规模开采钕和镝。然而，由于稀土金属通常是一起开采的，产生了连带效应。一旦矿业公司大量开采某一种稀土金属，就会附带生产出大量需求量较低的金属，导致一些金属的供需失衡。2004—2007 年，镧、铈和钇的价格下跌，而用于制造照明材料和永磁体的铕、铽、镝、钕和镨的价格则迅速上涨。最终，开采出的稀土金属有四分之一没有被消耗，而是被储存起来。

由于市场对某些重稀土元素的需求远远超过其他稀土元素，使得富含重稀土元素的矿床更具竞争优势。2007—2008 年的金融危机之前，和所有原材料一样，稀土金属的价格也全线上涨。随后，全球金融危机到来，稀土价格也开始下降，不同种类的稀土金属下降幅度各不相同。

2009 年年底，中国严格限制稀土出口，导致稀土价格飙升至令人瞠目结舌的高位。2011 年初，稀土价格创下历史新高。这吸引了新的参与者。矿业公司和投资者开始在全球范围内规划开发新的矿山。然而，就在同年 8 月，价格出人意料地大幅下跌。2013 年以来，价格再次稳定，但仍低于之前的价位。2015 年初，当中国取消稀土出口配额时，意外地没有引起明显的价格波动。

但市场观察家认为，一旦中国开始执行严格的稀土开采的新环保法规，稀土价格将再次上涨。

中国并不是唯一开采稀土的国家，其他国家也有零星的产量。虽然无法打破中国的市场主导地位，至少产量在增加。2012年的数据显示，俄罗斯的索利卡姆斯克镁厂（该厂也开采稀土）计划未来大幅提高产量。此外，还有许多新的采矿项目处于不同的开发阶段。在格陵兰岛、加拿大、印度、巴西、韩国、南非、越南、澳大利亚、马拉维和一些中亚国家，已经探明了大型稀土矿床，并制定了具体的开发计划。

新参与稀土市场的企业日子并不好过，因为他们必须克服很高的准入门槛——劳动力和环境成本，否则就像帕斯矿山的例子一样。然而，即使没有上述问题，新项目仍然面临困难。以2012年年底开始运营的马来西亚 LAMP 精炼厂为例，新设施的运营商必须考虑设备验收问题，导致投产时间推迟乃至完全无法开工。此外，选矿和精炼对技术要求很高，不仅需要复杂的设备，还需要特殊的专业知识。直到不久前，只有中国的工程师和工人拥有这种知识。

供需不再紧张

目前，日本、美国和欧洲对稀土的需求最大。在欧洲，法国、奥地利和德国在稀土加工领域占据领先地位，因为这三个国家有重要的稀土加工公司。根据联合国商品贸易统计数据库的数据，2009 年，日本进口了 18 000 吨稀土氧化物，居世界首位；排在第二位的是美国，进口量约为 16 500 吨；接下来是德国、法国和奥地利，进口量分别为 8 200 吨、7 200 吨和 4 500 吨。进口国通常将进口的稀土氧化物或金属加工成半成品、成品，如磁铁、合金或汽车废气催化剂。德国的重要加工企业汉瑙尔真空熔炼有限公司主要生产磁铁；其他的主要稀土采购商包括：巴斯夫公司生产工业催化剂，西门子公司生产风力涡轮机，蒂森克虏伯公司生产添加稀土的合金。许多从事玻璃、陶瓷、颜料和金属制造的公司也会少量购买稀土。在法国，总部位于拉罗谢尔的罗地亚公司是稀土的主要买家。该公司生产荧光粉和汽车废气催化剂。奥地利卡林西亚地区的特里巴赫工业股份公司将稀土用于生产工艺催化剂、打火石、玻璃、医药产品，以及用于水净化。

自 2000 年开始，稀土金属，特别是铕、铽、镝、钕、镨，即在照明和磁体中使用的金属，不断被发现新的应用领域。例如，2004—2008 年，仅德国的需求就增长了 50%。在一些进口国家，出现了短时的供应短缺。专家预测了这一趋势，并认为可能威胁供应链安全。他们认为，不断增长的需求是由于稀土在环境技术和能源技术中的应用不断增加。专家一致预测：中长期来看，需求增长将导致严重的供应短缺和进一步的价格上涨，特别是重稀土。关于全球稀土需求量在 2012—2014 年每年增长 180 000 ～ 190 000 吨的预测被证明过于乐观。

与所有预测相反，稀土需求自 2011 年以来再次下降。这是 2014 年新加坡第十届国际稀土大会与会者达成的核心结论。6 个月后，在中国重庆举行的第七届国际稀土峰会上，有发言者沮丧地指出，稀土需求和价格仍在下降，许多稀土消费者现在已经转向使用更少或根本不使用稀土的替代技术。

更令人惊讶的是，需求下降最严重的是重稀土。以往人们一直认为重稀土供应短缺将是未来面临的重要问题。对这一现象的解释是：在照明领域，稀土用量非常少的 LED 技术迅速普及，淘汰了传统的照明技术和节能灯。美国能源局修订了之前的预测：2012 年，他们预测，由于 LED 技术的普及，稀土需求在 2010—2030 年将减少 20%。然而，2014 年，由于消费者对 LED 技术的接受度惊人地高，稀土需求降幅达到了 65%。LED 技术快速占据市场，对铕和钇的市场影响特别大，因为它们的销售量在很大程度上取决于灯具行业。因此，这两种金属的价格大幅下跌（另见第七章）。

难以预测

在过去的两三年中，镝的全球需求也出乎意料地显著下降。镝被用作高温环境下工作的钕铁硼磁体的添加剂。这种耐高温的磁铁广泛用于无齿轮风力涡轮机、混合动力和电动汽车等领域。由于环境技术和可持续技术的快速发展，稀土永磁体被认为在未来市场具有特别强劲的增长潜力。毫不意外，2010 年左右的所有市场预测都预言了镝的供应短缺，以至于在 2010 年与 2011 年之交，镝的价格飙升。

与此同时，世界各地的许多研究人员迅速展开研究，寻求能够节省或完全替代镝的方法。科学家们取得了显著的突破，目前已成功大幅降低钕铁硼磁体中的镝含量。在新型汽车中，只有在高温环境下工作的磁铁才会使用镝，如在驱动器或手动变速器中。在新型无齿轮风力涡轮机中，磁铁中的镝含量也大大降低。目前镝的含量仍为 1%，未来有望完全消失。制造风力涡轮机的厂商还计划尽可能地不再使用镝作为钕铁硼磁体的添加剂。

镝、铽、铕和钇的供应在中短期似乎是有保障的。但是中国上海金属市场（SMM）的分析师们认为，由于磁体行业的持续增长，未来可能会出现钕和其替代品镨的供应短缺。根据莱纳斯公司最新的产品需求增长预测，目前最大的稀土消费者——磁体行业将在最近十年产量保持 9% 的年均增长率。这项评估在很大程度上得到了莫利矿业公司和各种行业分析师的认同。钕和镨是轻稀土金属，它们在所有矿藏中储量丰富，韦尔德矿山或帕斯矿山都是如此。出于这个原因，德国联邦地球科学和自然资源研究所认为，"至少从地质学的角度出发，很难将这两种金属的供应状况列为紧缺"。

就镧和铈的情况而言，目前市场上供过于求。相关预测显示，由于工业和汽车废气催化剂的需求增长，过剩情况可能会得到缓解。例如，石油和天然气行业的流体催化裂化需要镧，这项技术对重塑美国的能源格局至关重要。而铈则用于汽车废气催化剂中。由于亚洲地区车辆保有量增加，该行业正处于上升阶段。总体而言，莱纳斯公司预测，到 2018 年，稀土产量的平均年增长率将达到 6.5%。德国联邦地球科学和原材料研究所则认为，由于近期原材料市场变化，稀土供应风险要比以前预计的要低得多，前提是需求和当前供应状况不发生不可预见的变化。

第五章

全球范围内的耗散

一般而言，物质流量越大，物质通过速度越快，物质越容易因为在环境中的精细分布（耗散）而产生损耗。因此，过去几十年来对稀土的密集工业利用已经在环境中留下了痕迹，尤其是在河流、湖泊和地下水中，这点不足为奇。

自 20 世纪 90 年代以来，环境和地球科学家一直对河流和湖泊中的钆异常现象感到担忧。科学家检测水样发现，水体中的钆含量明显高于预期。钆与其他稀土元素的比例也不寻常。通常情况下，稀土元素总是以相同的比例出现在自然界。研究人员将钆含量的升高归因于人类活动，尤其是钆作为磁共振成像的对比剂被广泛使用。游离的钆离子对人体有毒，因此给患者使用的通常是稳定且易溶于水的钆复合物。这样可以确保患者对其有良好的耐受，且几乎不出现副作用。据《生态测评》杂志报道，每年约有 1 600 千克的钆以这种方式被消耗。这些钆化合物未经处理被排放到废水中。由于具有很好的水溶性，钆复合物几乎不与污水处理厂的污泥、沉积物或悬浮物结合，因此无法通过污水净化步骤去除。这就是人为来源的钆与自然界中存在的钆的区别，也解释了为什么钆具有很长的环境半衰期。钆随着经过处理的污水一起流入河道，然后进入海洋和地下水。目前，在整个欧洲范围内都可以检测到钆，它越来越频繁地出现在那些从湖泊和河流取水的城市自来水中。

例如，在德国的杜塞尔多夫和埃森（莱茵河流域），以及柏林西部和慕尼黑都发现了这种情况，尽管慕尼黑作为巴伐利亚州的首府是从地下水中获取饮用水。

根据目前的了解，当前饮用水中钆的浓度对人体没有明显的急性健康危害。即使在鲁尔区城市木尔海姆、奥伯豪森和博韦姆的饮用水中发现的钆浓度最高达到 34 ～ 40 纳克 / 升，也远低于 100 纳克 / 升的健康参考值。与之相比，患者在接受磁共振成像检查之前，通常会注射约 1.2 克的钆到血液中。但是钆对人类以及水生动植物的长期影响尚不清楚。

随着饮用水中钆含量的增加，其他金属、药物残留物或个人护理产品中的化学添加剂在饮用水中的存在可能性也在增加。可以说，水体中人为钆含量的增加，往往是一个国家在医疗和技术基础设施方面高度发达的指标。大量人为钆出现在饮用水中，表明稀土元素被密集用于工业领域。这点在 2013 年再次得到证实。当时科学家在莱茵河中发现了另外 2 种人为稀土元素：镧和钐。与钆不同的是，镧和钐并不用于医疗用途，而是用作制造业的催化剂，比如石油精炼厂。在沃尔姆斯以北，一家催化剂生产商被确认为污染源，污染金属来源于该厂的排放管道。

　　每年莱茵河将 5 ～ 6 吨镧、超过 700 千克钆和约 600 千克钐冲刷进北海。这些物质对人类和环境的长期影响尚不清楚。麻烦的是，稀土元素的三价离子与钙的二价离子的离子半径几乎相同。因此，它们不仅在地质中表现出相似的地球化学性质，常常一起出现在岩石中，而且可能对生物体和环境产生类似的毒性和影响。

　　在人体新陈代谢中，两者的相似性可能会产生不良后果。很早之前人们就知道三价镧离子会抑制钙离子的作用。最近，对线虫（秀丽隐杆线虫）的研究表明，即使是微量的镧也足以对线虫的生长和繁殖产生负面影响。此外，还有一个令人担忧的发现：莱茵河贻贝的贝壳中首次检测到了镧和钐含量升高。这一发现证明，镧不仅会污染河水，而且显然也能被生物吸收，从而进入食物链。

　　可以预见，土壤和水体中稀土的含量也会增加。一个主要的污染源可能是农业活动。2013 年，奥地利稀土公司特里巴赫工业股份公司向欧洲食品安全局提交了一份申请，希望能将镧作为猪饲料添加剂销售。这种稀土元素对仔猪的体重发育有积极的影响。在中国，镧作为动物饲料的常规成分已有数十年之久。在欧洲，目前只有瑞士允许使用镧作为饲料添加剂。特里巴赫工业股份公司计划在每千克猪饲料中添加 250 毫克镧。根据目前的研究，镧在喂食后不会进入动物的血液，而是留在肠道中，对肠道中的肠道菌群发挥作用。短时间后，稀土元素会被完全排泄掉。因此，如果欧洲食品安全局批准这种添加剂的使用，那么土壤中的人为镧含量显著增加，只是时间问题。

从土壤中回收稀土是几乎不可能的。这点也适用于其他技术金属[1]。它们在全球范围内不断扩散到环境中。当原材料在某一过程中耗散后，这部分损失通常难以回收或再利用。耗散在物质的全生命周期中的各个阶段都会发生，具体取决于原材料的种类、使用方式和耗散程度。像稀土这样的技术金属，耗散尤为严重（表5-1）。

表5-1 稀土的耗散　　　　　　　　　　　　　　单位：毫克 / 千克

位置	稀土含量
矿床 *	≥ 1 000
手机	钕：100 ～ 900
CD 和软盘驱动器	钕：400 ～ 800
土壤样品	钕：30 ～ 50

* 指值得开采的稀土矿床

（来源：Adler & Müller, 2014）

在环境科学中，"耗散"一词常用于描述"原材料在无法补偿的用途中不可逆转的损失或消耗"。这包括使用本身具有耗散

---

[1] 技术金属指在工业生产和技术应用中广泛使用的金属，其特性使其在特定的工艺和应用中具有重要的功能和作用，常见的如铝、锌、镍、钛、钨、锡等。稀土也属于技术金属。

性的原材料，如化肥中的金属；也包括由于制动或轮胎磨损、溅射或腐蚀过程，以及其他化学过程而导致的工艺性损耗。另外，耗散也指技术金属和其他原材料在大量使用和一次性产品中的损耗，如玩具或 U 盘中的电子元件。可持续性研究人员蒂尔·齐默尔曼和斯特凡·戈林－赖塞曼将耗散的特征描述为低效和非封闭材料循环。不来梅大学的科学家们从物质去向考虑，提出了以下定义：

耗散损失是指物质流向环境和其他物质流或是被长期储存在废料中，导致从技术和经济上来看，吸纳介质中的物质浓度无法达到可回收利用的程度。在技术和经济上是否可能，取决于知识水平和当前市场状况，因此这个定义是动态的。当前条件下的耗散损失，在技术进步和经济形势变化后，未来可能是可回收的。从这个定义中可以得出三种类型的耗散：环境中的耗散（类型 A），其他物质流和技术循环中的耗散（类型 B），以及垃圾填埋场中的耗散（类型 C）。

三类耗散情况

A 类：空气、水体和土壤中的物质颗粒

在环境中，耗散的物质积累在空气、水体和土壤中。它们经常从一种环境介质转移到另一种环境介质，并不断耗散。物质颗粒在环境中停留的时间很长，几乎不可能有针对性地回收。这点尤其适用于那些物质

被消耗但未被有效利用的耗散型应用，如饲料添加剂或肥料。通常，在环境中细微分布的物质不稳定，会发生化学或物理变化。从节约和保护资源的角度来看，这种耗散比技术循环或垃圾堆里的物质耗散更难回收。一种原材料是否被认为是"稀缺的"，或者是否会将来供应出现短缺，很大程度上取决于它是否用于这种耗散型应用。

然而，以微小颗粒和极细颗粒形式分散在环境中的物质不仅会损失，有时还会像马来西亚出现的情况那样，导致水体、土壤污染以及土壤过度肥沃。很多情况下，包括稀土，我们尚不了解它们的长期影响、相互作用以及与其他物质的协同效应。研究相对深入的是大量使用化肥、氟碳化合物以及化妆品、纺织品等日用品中的微塑料颗粒导致的氮耗散及其他不良后果。这三种物质已经引发了全球环境问题，导致水体过肥，大气臭氧层出现空洞，威胁到河流、海洋中的鱼类和其他水生生物的生存。

B 类：技术领域的物质痕迹

当物质以极低浓度存在于材料中时，会均匀地分布，呈细小分布现象。虽然这种情况理论上可以回收，但难度和成本极高。这方面的一个例子是稀土。它们作为调料金属，以并不明显高于它们在土壤中自然浓度的微小浓度存在于手机或 MP3 播放器等电子设备中。此外，微量的稀土金属嵌入到复杂的物质基质或合金，如发光体或永磁体中，也是技术应用中耗散的典型示例。

就回收而言，大多数情况下，这种低浓度分布意味着几乎不可能回收。因此，这种耗散方式也导致了原材料的损失，进而造成了经济损害。尽管在个案情况下损失微不足道，但是对于大规模消费品如手机或数码相机来说，累加起来的损失相当可观。仅 2010 年，全球估计销售了大约 16 亿部手机。尽管每部手机中只约含 0.05 克钕和 0.01 克镨，但累加起来总量高达约 80 吨钕和 16 吨镨。

　　原则上，技术领域的耗散通常需要按材料或产品的使用寿命区分长期和短期。因为物质在技术应用中的停留时间会影响其回收率。使用寿命长的耐用品使用时间长，在使用阶段无法进行任何回收。快速消费品则会更早地进入回收阶段。因此对于严重短缺的原材料而言，快消品比耐用品的耗散要少。

C 类：精细分布在垃圾填埋场

　　要想回收物质，无论是从环境中还是从产品中回收，首先要知道物质在哪里。这话听起来平平淡淡，却至关重要。因为在全球化的影响下，产品和材料在销售、使用或丢弃后，分散到了地球的各个角落。比如，在中国组装的手机最终可能由欧洲或美国买家采购，再经过层层分销到了消费者手中，最终被遗弃在垃圾堆里。它可能会被送到专门的回收利用厂进行处理，也可能在垃圾焚烧厂焚烧，或是经非法途径与其他电子垃圾一起被运往非洲。这使得在该设备生命周期结束时，几乎不可能追踪到去向。产品的广泛散布是城市矿业框架下原材料回收利用的一大障碍。城市矿业，又称"城市采矿"，是一种相对较新的原材料回收策略。其目标是从"人造矿山"中提取原材料。"人造矿山"包括消费和生产品，也包括道路、建筑物、管道和垃圾填埋场。为了开展"城市采矿"，首先需要发现和确定"人造矿山"中包含了哪些原材料以及它们的含量。如果电子设备和材料被有目的性地存放在垃圾储存站，其中的原材料就比较容易找到。因此，集中在废品回收站的垃圾，不像广泛分布且无法控制的生产流和材料流中的物质耗散那么严重。出现严重的原材料短缺时，可以有针对性地回收利用垃圾焚烧产生的含金属渣滓，前提是这些炉渣已经被收集起来存放在最终储存库中。

迄今为止，仅有个别研究测算了稀土金属通过耗散而流失的数量。少数研究表明，与其他金属相比，稀土金属的耗散率特别高。这是因为稀土金属在技术应用中呈现出明显的细微分布和强耗散使用结构。不同的稀土金属被用在各种不同的产品中，它们在环境或技术循环中的分布也不同。例如，铈在许多技术应用中以极细微的形式存在，像作为汽车废气催化剂的成分，这是典型的耗散型使用方式。而钐则较少受到影响。

当我们将传统的通用工业金属和技术金属相比较，就能清楚理解为什么技术金属的耗散率比较高了。通用工业金属铁、铝、锌、铜或铅主要用于大型产品，这类产品在全球范围内都有回收系统。在庞大的物质流中，它们在个别的耗散型应用中损耗并不突出。而技术金属则完全不同，它们在极小的量级上就能发挥出功能特性，因此终端产品中的技术金属含量极低。对于含有技术金属的消费设备，通常还没有有效的收集系统和高效的回收技术。

稀土的主要耗散型应用领域包括合金、肥料、饲料添加剂、农药、药品、水处理剂，以及电子设备、荧光材料、颜料、玻璃清洁剂。虽然节能灯已经有了回收系统，但其他应用领域则很少有稀土回收系统。通常情况下，它们在加工过程的最后与废渣混合，再与水泥混合后被埋藏在地下。目前只有法国的罗地亚公司通过先进的工艺成功回收了稀土。

在 2013 年的一项筛选研究中，齐默尔曼和戈林 - 赖塞曼评估了关键金属的现有物质流分析数据，特别关注了其中的耗散损失信息，不过，由于数据不足，未能将降解和提取过程中发生的物质损失包括进去。因此，研究结果仅为估值，可能比实际情况偏低。他们调查的金属中，约有70%的受试金属耗散率超过50%。除了无法计算的镁以外，没有一种金属的耗散率低于30%。根据不来梅弗劳恩霍夫应用材料研究所的研究数据，稀土金属、铟、镓和锗的耗散率为90%～100%。这意味着在2010年全球生产的123 000吨稀土金属中，超过110 000吨由于耗散而流失，这是一个令人震惊的数字。

第六章

回收利用：理论不错，实践一言难尽

稀土元素的回收潜力巨大。基于美国、日本和中国等稀土主要消费国的稀土产品，科学家杜晓月和托马斯·格雷德尔计算出了部分稀土元素的回收潜力。他们得出的结论是，2007 年，稀土在产品中的使用量是同一年开采量的 4 倍。他们认为，通过回收稀土，可以从根本上节省大量的原始开采。尽管现在很多国家在开展稀土回收潜力的相关研究，但总体数据仍然相对不足。

杜和格雷德尔的评估进一步激发了商界和政界对稀土回收的兴趣。重复利用被视为中长期改善稀土供应和稳定价格的一种方式。对于这个充满动荡的市场的参与者来说，前景诱人。工业界和高校都开展了稀土回收的研究项目，发表了大量有关稀土回收技术的论文、专著，相关专利申请的数量也大幅增加，从电子废物中回收稀土方面的研究尤其多。日本是最积极的国家，其次是美国、中国、德国和法国。欧盟资助的稀土回收 R&D 项目见表 6-1。

表 6-1 欧盟资助的稀土回收 R&D 项目

项目名称及工期	方案 / 预算	项目目标
1. RECLAIM 2013/1–2016/12	FP7/ 700 万欧元	开发改进镓、铟、稀土回收工艺的技术解决方案，展示其在工业环境中试点实施的潜在用途
2. RECVVAL NANO 2012/12– 2016/11	FP7/ 440 万欧元	开发一种创新的回收工艺，用于从平板显示器中回收和再利用铟、钇和钕
3. REEcover 2013/12–2016/11	FP7/ 800 万欧元	改善全欧洲稀土（钇、钕、铽、镝）的供应；加强中小企业在稀土生产和回收价值链中的地位；探索稀土冶金回收的途径；展示工业废物的潜力，包括电子废弃物回收行业的磁性废料
4. Hydro–WEEE 2012/10– 2016/9	FP7/ 380 万欧元	开发从电子废物中提取稀土和其他金属的创新工厂技术流程，确定中小企业在采用新技术和流程过程中的需求
5. Biolix 2012/10–2015/9	生态创新倡议 / 210 万欧元	开发从低品位混合金属材料中选择性回收纯金属的生物催化工艺，开发第一个生物 – 水 – 冶金厂
6. REWARD 2009/8–2012/7	生态创新倡议 / 130 万欧元	开发工厂设计（原型），用于从废弃电子、电气设备中提取可回收产品，以减少进口依赖和原材料消耗
7. LOOP 2012/6–2014/11	生活计划 / 250 万欧元	验证创新和环保回收节能灯中稀土的潜力

（来源：Tsamis & Coyne，2015）

　　研究和专利活动的主要关注对象是报废的终端产品——要么稀土元素含量较高，要么包含特别受欢迎的重稀土元素，比如永磁体、照明设备或镍氢电池（镍金属氢化物蓄电池）。

　　值得注意的是，所有在过去三到五年中开发的回收工艺几乎都停留在实验室阶段，无法预测其是否会在未来会被大规模应用。这就是为什么全球稀土回收率多年来一直低于 1% 的原因。

　　目前，工业回收的最大障碍是利润低。这些工艺对技术要求高、复杂且昂贵。当前原材料价格再次稳定，导致人们对这一话题的兴趣减退。然而，循环经济对于稀土的可持续发展有重要意义。即便原材料价格下降，我们也应该抓住这个机会。

循环利用发展缓慢

有很多理由可以支持从技术应用中回收稀土的必要性。一个有效运转的回收系统可以减少对稀土主要供应国的依赖。它还可以成为可持续发展原料政策的一部分。德国环境专家委员会指出，可持续发展原料政策的核心在于实现两种意义上的脱钩：一是经济增长与资源消耗脱钩；二是原材料消耗与环境后果脱钩。简单地说，我们不仅要减少原材料的消耗，还必须可持续地使用原材料。第一个目标可以通过提高资源利用效率来实现，第二个目标需要通过循环经济来实现。此外，回收稀土还可以减少主要生产过程中释放放射性物质产生的严重的环境和健康影响，同时缓解个别稀土元素供需不平衡问题。弗莱堡生态研究所提出了另一个方面：建立回收系统可以为欧洲企业提供获得稀土加工领域的重要战略性技术知识的机会。

尽管这些理由都很充分，但全球稀土回收产业发展却仍然缓慢（表6-2）。铁、铜、铝或锌等广泛使用的常见金属，甚至金、银、铂等贵金属的回收率都超过50%；相反，稀土迄今为止几乎没有被有效回收再利用，多年来稀土的回收率一直停滞在 1% 以下。除个别情况外，它们尚未从所谓的报废产品，即废弃消费品中被系统地回收。过程废弃物的回收利用情况稍好一些：在中国，稀土永磁生产过程中产生的含稀土磨料泥浆会被重新投入使用。

尽管技术上可行，但稀土仍然很少被回收，原因有很多。首先，工业界缺乏激励机制。自 2010 年以来，原材料价格下降，几乎没有任何公司担心供应短缺。在当前条件下，技术复杂且昂贵的稀土回收并不具有吸引力，即使对于国际领先的回收行业公

表 6-2　稀土再生利用先进项目概述及发展现状

稀土资源	技术 / 方法	发展现状	工业规模应用
废灯荧光粉 （铕、铽、钇）	化学消化，沉淀或萃取	成熟 （但在进一步发展中）	投产 （罗地亚）
阴极射线管用 荧光粉（铕）	化学消化，溶剂萃取	有限的研究 （兴趣下降）	未知
永磁体 （钕、镝、钐）	湿法冶金	基本成熟，但在稀土方面 仍处于实验室阶段	投资项目 （罗地亚）
	火法冶金	一般成熟，但与稀土无关	未知
	气相萃取	实验室阶段	未知
	合金经水解、退火后再 加工成磁铁	实验室阶段	未知
	生物冶金法	实验室阶段	计划试点项目
镍金属氢化物蓄电池 （镧、铈、镨、钕）	超高温熔炼工艺与湿法 冶金 / 火法冶金相结合	成熟	投产（优美科 和罗地亚）
光学玻璃（镧）	湿法冶金	实验室阶段	未知
玻璃清洗剂（铈）	化学方法	实验室阶段	未知

（来源：Tsamis & Coyne, 2015）

司来说，这也只是一个边缘领域。例如，比利时冶金公司优美科
在安特卫普附近的霍博肯拥有一座先进的高科技回收厂，可以从
各种复杂的应用材料中回收 17 种不同的常用金属、贵金属和高
科技金属，包括电子废料。该公司的回收目标是金、银、钯或者
硒①、铟、锗等金属，对于稀土却几乎没有兴趣。在回收其他金属
过程中，稀土损失在熔炉里，或者成了渣滓。

钕铁硼磁体的回收

同步电机、无齿轮风力涡轮机、硬盘驱动器或 CD 播放器中的钕铁
硼磁体平均含有钕 20%、镝 5%、镨 5%、铽 1%。

回收稀土的最大障碍是，电子垃圾回收工厂主要关注实用金属和贵
金属，如铁、铜或金。由于稀土元素具有很高的反应性，它们要么积累
在钢材馏出物里，要么在其后产生的渣滓中。除个别情况外，这些残渣
尚未得到进一步处理。

尽管极强磁铁已经上市三十多年了，但欧洲还尚未实现规模化回收
利用。主要是因为许多公司在回收处理电子废弃物时，只关注某种单一
产品如硬盘的物质流，所以产生的废料较少，往往无利可图。

此外，磁铁回收在技术上特别困难，因为作为材料的混合物，它
们通常含有镍或钐等杂质。这些杂质必须完全去除，但过程很复杂。另
外，磁铁很难运输，因为它们威胁飞行安全。从小型设备中拆卸磁铁也
既昂贵又耗时。

---

① 一般认为硒（Se）为非金属元素，不过具有一定金属属性特征。

罗地亚／索尔维公司的回收利用

自 2012 年年底以来，优美科公司一直与法国化工公司罗地亚／索尔维（罗地亚公司于 2011 年被比利时索尔维集团收购，此后一直使用双重名称）共同开展一项电池回收专项计划。

废旧镍氢电池中产生的渣滓经浓缩后，运送到罗地亚／索尔维公司，以回收其中的稀土。这家总部位于法国港口城市拉罗谢尔的化学公司是稀土回收的先驱之一。它的历史可以追溯到 1919 年。当时法国化学家和稀土专家于尔班创立了稀土公司，并在诺曼底的塞奎尼开设了一家生产灯芯和打火石的工厂。这家工厂在第二次世界大战中被摧毁，之后在 1948 年重建，最终发展成为今天的罗地亚／索尔维公司。

起初该公司专门从事稀土加工。直到 20 世纪 70 年代，打火石一直是该公司的主要产品。随着稀土金属应用领域的扩大，该公司的产品范围也逐渐扩大。如今，罗地亚／索尔维公司是世界领先的稀土加工企业，也是中国以外唯一一家拥有专业知识和技术设施、能够生产轻稀土和重稀土的公司。罗地亚／索尔维公司从中国和马来西亚进口稀土氧化物混合物作为原材料。在拉罗谢尔的萃取工厂中，混合物中的各种金属通过液液萃取法得以分离、净化，然后加工成荧光粉、汽车废气催化剂和其他产品。

罗地亚／索尔维公司在稀土加工方面的悠久传统可能是该公

司对稀土回收感兴趣的重要动机。多年来在这一领域积累的经验和知识有助于他们建立回收体系。另一个动机是，拉罗谢尔的提取设施多年来一直没有得到充分利用，公司管理层正在为这些设施寻找新的用途。

罗地亚／索尔维公司在千禧年前开始业务扩张，将越来越多的稀土提取和分离工作转移到了位于中国的子公司进行。大约在2000年，总共18个提取电池中只有4个仍在运行。后来，这些不再使用的提取电池被用来回收稀土。该公司一开始使用存放在工厂场地的早期加工废料作为原材料；自2012年以来，一直在回收废旧灯泡中的荧光粉，从中提取镧、铈、锑、铕和铒。同样在2012年，该公司开始回收废弃的镍氢电池，从中提取镧、铈、镨和钕。该公司称其是世界上第一家从报废品中大规模回收稀土的公司。从资源战略方面看，稀土回收为公司带来了竞争优势，特别是在过去几年重稀土供应紧张的情况下。未来，罗地亚／索尔维公司计划通过二次生产来满足其对重稀土的整体需求。

镍氢电池

镍氢电池（NiMH电池），即镍金属氢化物电池，是已经被禁止使用的镍镉电池的后继产品。作为可充电储能设备，它在许多技术应用中与锂离子电池竞争。它主要用于混合动力和电动汽车、数码相机、无绳工具、模型运动器材、笔记本电脑，以及电动剃须刀和电动牙刷等各种小型家用电器。手机电池中，它已被锂基电池所取代。目前，每年生产约 10 000 吨镍氢电池。镍氢电池平均含有镧 45%、铈 24%、镨 4%、钕 10%。

法律规定消费者有义务将废旧电池退回。商家、公共废物处理机构、制造商和进口商都有义务接收这些电池。自 2016 年起，欧盟规定废旧电池回收率应达到 45%。从镍氢电池中回收稀土的难点在于，目前电池回收的通常做法是回收镍（最高回收率 42%）、铁（最高回收率 25%）和钴（最高回收率 4%）。这些电池被熔化后，得到的是一种用于钢铁冶炼的铁合金。在此过程中，电池中的稀土金属会流失到废渣中。2011 年，优美科和罗地亚／索尔维公司宣布研发了一种新型的镍氢电池稀土回收工艺，并于 2012 年年底实现工业规模上的应用。

罗地亚／索尔维公司与其他回收公司合作进行荧光灯和镍氢电池的回收。这些合作公司负责回收链的前置步骤，即提取过程之前的工作。罗地亚／索尔维公司负责回收链的末端环节，即对技术要求苛刻的稀土分离工作。在荧光灯回收中，合作伙伴是废旧灯泡回收企业。他们的任务是收集、粉碎废旧荧光灯管和节能灯，并从废料中回收玻璃、塑料、汞以及重要的金属。在回收完这些原材料后，剩下的是含稀土的荧光粉末。过去，这些粉末通常与水泥混合，并作为特殊垃圾填埋在地下的最终处理场。但从 2012 年以来，罗地亚／索尔维公司接手了灯泡回收企业的荧光粉末残留物，从中回收稀土资源。粉末残留物的预处理和化学分解（磷处理）工作在罗地亚／索尔维公司位于里昂附近的圣丰斯新工厂进行，单个种类金属的分离则在位于拉罗谢尔的提取工厂进行。采用这种方式回收的稀土将用于制造新的荧光材料。

这一积极的案例实际上揭示了稀土回收所面临的各种典型问题。正如前面提到的一样，主要困难是许多产品中稀土含量很少，使得回收工作受到了热力学上的限制。目前只有特定产品和特别适用于该回收工艺的产品类别才被纳入稀土回收项目中，如永磁体、镍氢电池、荧光材料和催化剂。另一个困难是，稀土通常与其他稀有金属一起嵌入到复杂的物质基质中。只有借助大量的化学品并消耗掉大量能源才能将它们重新分离出来。在回收链的起始阶段，需要将报废设备拆解，以获取含有稀土的组件。目前缺乏能快速拆卸设备的机械化系统。这些工作通常是手工完成的，因此非常耗时和成本高昂。此外，大多数产品没有设计和制造成便于日后回收的样式，拆卸电池或扬声器磁铁等相关部件有时十分困难，甚至完全不可能。日本日立公司开发的机器人首开先例。它可以比人类快 8 倍的速度从硬盘驱动器和压缩马达中拆卸出永磁体。

一旦获得相应零部件，接下来将会进入一个多阶段的复杂高科技过程。该过程结合了熔融、电冶金和化学方法，需要配备专门的大型设备。由于缺乏产品精确化学成分的详细信息，因此很难建立起有效的回收体系。稀土有许多用途，如瓷漆、烟火产品、对比材料或紫外线防护玻璃等，目前对废弃产品最好的处置办法是填埋。

目前还没有关于这些"人为储存区"的系统记录，如不清楚风力发电设备和工业发动机的规模；也缺乏废物回收中个别物质流的信息，如旧电脑中的硬盘驱动器。西方消费社会积累了大量的建筑物、基础设施和其他财产，这些财产构成了宝贵的二次资源储备。这个"人为资源库"是重要的未来资本，但迄今为止几乎没有受到关注，原因是几乎没有人知道其真实规模和其中所含物质比例。如果要制定有针对性且高效的回收策略，了解其中的潜力使资源可以广泛利用是至关重要的。

然而，回收链中最大的问题在起始阶段：目前，原始产品并没有被系统和全面地收集和记录起来。回收链的第一步是收集和记录产品，接下来是分类和拆卸。在此过程中，需要拆卸出对回收至关重要的组件，如笔记本电脑扬声器中的磁铁。下一个阶段，它们将经过物理和化学处理，最终进入真正的回收流程。目前的收集系统仍然无法充分涵盖那些含稀土的电视机、MP3 播放器及笔记本电脑。尽管根据欧盟的规定，自 2016 年中期起，德国开始实施新的电子垃圾法。该法令要求制造商和零售商承担起责任，并赋予消费者退回废弃设备的权利。

新法令所涉及的行为主体在执行过程中进展缓慢，尽管法令已经为他们提供了相当长时间的准备期和过渡期。然而法律生效数月后，环保组织批评商家不遵守法律规定。许多用户仍然将废弃设备丢弃在家庭垃圾中，或者废弃设备落入中间商之手，被作为二手商品倒卖出口到新兴市场和发展中国家。这些设备不再能进入受控的回收流程。像风力发电机、磁共振成像仪或大型驱动电机等含稀土的工业产品，情况则有些不同。大型设备通常固定在已知的地点使用，全生命周期中都可以跟踪，在使用寿命到期后，可以被有目的地回收及利用。但是，由于它们的寿命相对较长，如风力涡轮机通常的使用寿命为20～30年，因此，通常在数十年后才能进行回收。

无论哪种情况，成品回收都很困难，因此进入消费环节前的回收就显得更加重要。消费前回收是指从产品制造过程产生的废料，或残次品中回收稀土。目前，许多制造过程仍然非常低效。比如约有一半的钕会在产品制造过程中流失。此外，消费前回收的优势在于，生产废料和残次品通常是纯净的，因此比由许多材料组成的最终产品更容易回收。

真的清洁吗？

稀土矿开采对环境和健康的影响主要体现在高能耗、高水耗和高化学品消耗。此外，还会产生大量对环境及健康有害的废物、废水和废气。矿山及其基础设施会占用大量土地，伴生金属钍和铀的放射性会带来环境和健康风险。

相比之下，受控稀土回收具有显著优势，关键在于"受控"这个概念。如果产品在亚洲或非洲的郊外废料堆放场以简单的方式进行拆卸和回收，就会带来巨大的环境和健康风险，让二次生产相对于初次生产的优势消失。受控和高度技术化的回收过程有许多好处：土地占用量小到可以忽略不计，也不会产生放射性物质。

因此，相较于初级开采，二次生产在生态和毒理方面更为优越。尽管并非适用于所有产品，但对于许多产品而言，二次生产都比初次生产的能耗、水耗、化学品消耗更低。

在处理复杂的、只含有微量稀土的混合材料时，回收就会出现问题，比如从手机中回收稀土。回收过程同样需要大量的化学品和能源。因此，二次生产能否显著改善稀土生产的生态足迹①不仅取决于方法，还取决于用到的原材料种类以及具体打算回收哪种稀土金属——不同稀土金属的回收所需工作量是不同的。

回收永磁体或镍氢电池时采用的是湿法冶金工艺。该工艺对化学品和能源的需求尤其大。为了提取稀土，通常需要用到与初次生产几乎同样多的化学品，包括浓硫酸、氢氟酸或氢氧化钠等。火法冶金回收过程需要在非常高的温度下进行。虽然该工艺需要用到的化学品较少，但却需要消耗大量的能源。电冶金工艺也同样如此。相反，微生物回收工艺则是一种环保的

①　生态足迹（Ecological footprint，EF）指生产区域或资源消费单元所消费的资源和接纳其产生的废弃物所占用的生物生产性空间。它是一个衡量人类活动对环境和生态系统影响的指标，由加拿大学者威廉·里斯和马西斯·瓦克纳格尔于1992年提出。

回收方法，其对化学品和能源消耗的需求都非常低，如微生物填充胶囊技术。这种技术利用了某些细菌的特性来代谢特定的稀土金属。

2014 年，科学家在一项研究中比较了钕的初次生产（从矿山中开采）和二次生产（从硬盘驱动器中回收）对环境和健康的影响。在回收钕的二次生产中，研究人员考虑了不同的回收方法。结果显示：从硬盘驱动器手动拆下磁铁，回收的能源消耗比初次生产低约 88%；如果硬盘驱动器在回收前被切碎，则回收的能耗相比初次生产降低约 58%。更重要的发现是：如果手动拆卸硬盘驱动器，所有磁铁都可以完全回收；而如果将硬盘驱动器粉碎，回收率会下降到 10% 以下。

荧 光 粉

节能灯内部涂有含稀土金属铈、铕、铽、钆和钇的荧光粉涂层。这层荧光粉涂层起到了荧光剂和基底材料的作用。LED 灯也含有稀土，尽管量要小得多。根据欧盟的废弃电子和电气设备的相关法令，这类灯泡必须与普通垃圾和玻璃垃圾分开收集，单独进行回收利用或安全处理。原则上它们非常适合回收利用，有超过 90% 的成分可以再利用。通常，旧灯泡回收会产生三个不同的回收种类：玻璃碎片（80%～90%），金属和塑料废料（7%～14%）和含汞荧光粉（1%～3%）。但含有汞的荧光粉残渣通常不会被进一步处理，而是与稀土化合物一起作为特殊垃圾被填埋进矿山中最终处理。

多年来，各种荧光粉和照明制造商一直试图回收荧光粉残渣和其中的稀土。在工业应用方面，这个领域的稀土回收已经取得了最大的进展。

在回收利用方面，有三种不同的方法。方法一是将回收的荧光物质直接用于制造新的照明产品；方法二是通过物理化学分离方法，回收特定的荧光物质组分（荧光物质是多组分混合物）；方法三是通过化学方法从荧光粉中提取单种稀土金属。

从技术上看，直接重复使用荧光物质（方法一）无疑是最简单的方法。它的缺点是，目前只适用于一种荧光灯类型。回收和重复使用特定荧光物质组分（方法二）只有当照明制造商能够在生产过程中使用自己产品的回收部分时才能顺利实现。一个成功的案例是，比利时回收公司因达弗与飞利浦照明合作，回收了飞利浦的线性荧光灯。欧司朗公司几年前也申请了一项旧灯泡再加工方法的专利。2012 年，法国罗地亚 / 索尔维公司也开始回收利用荧光物质：他们从旧灯泡回收商那里获得了去除汞的荧光物质部分，通过化学方法从中回收稀土（方法三）。

最后还需要指出的是：除了适用于磁体、镍氢电池和照明器具这三个关键领域的回收方法外，还有一些项目致力于从其他领域中回收稀土，如催化剂、光学玻璃或玻璃抛光剂。所有这些项目都还处于研发阶段，目前还没有工业化应用的迹象。

另一项同样发表于 2014 年的研究中，研究者比较了稀土的初次生产和二次生产中不同的供应链（表 6-3）。

表6-3　不同稀土供应链对比

稀土供应链	产品价值创造	技术可行性和专业知识	环境污染和放射性风险	社会风险和社会负担	过程说明
罗地亚/索尔维公司－回收旧灯具中荧光粉	高	高	低	低	减少废物，重稀土含量高
顶峰原子稀土公司－铀加工残余物后处理	中	中	中	低	减少废物，减少对健康的影响
舒梅特机床厂－钙铝石加工	低	高	中	中	地下开采，多种金属共采带来市场风险多样化
莫利公司－巴斯特纳石加工	低	中	中	中	将采矿和加工造成的环境和生态影响局限于本地
莱纳斯公司－独居石碳酸盐岩加工	低	中	中	高	对加工厂（马来西亚工厂）钍储存给予关切
印度稀土有限公司－独居石加工	低	中	高	中	高钍含量和高附加成本可能会限制生产

（来源：Golev et al，2014）

　　在这项研究中，研究者考虑了经济、技术、环境和社会等多个因素。结果同样显示，二次生产对环境的危害较小。研究人员发现，表6-3提到的罗地亚/索尔维公司的荧光粉回收工艺，以及哈萨克斯坦与日本合资的沙立科公司的废物处理工艺对环境影响较小。这两种工艺的共同特点是土地使用量很小，对当地生态系统的影响小。相反，研究中的所有初次生产供应链都造成了严重的环境破坏，有的还伴随社会问题。

　　然而需要注意的是，这两种原材料生产过程的环境压力正在趋同。由于产品成分复杂，回收变得越来越困难。初次生产领域正在不断开发新的方法来保护人类和环境。有一个例子是利用经过基因改造的细菌从地壳中提取金属的生物采矿技术。专家认为，这些趋势可能会导致稀土初次生产和二次生产的生态足迹在未来会逐渐趋于一致。

第七章

寻找等价替代物

在 2014 年 11 月进行的第十届国际稀土大会上，来自新加坡的演讲嘉宾在报告中提到，重稀土的需求正在显著下降。这一关键信息让与会者大吃一惊。德国联邦地球科学和自然资源研究所同年进行的调查也显示，所有稀土金属的需求都在下降。2009—2013 年，全球稀土氧化物的产量从 133 500 吨暴跌至 90 500 吨，降幅达 32%。美国能源部也修正了需求预测。不同于以往所预测的稀土在荧光粉中需求将强劲增长，该机构预测，到 2030 年，全球对荧光粉中稀土的需求将下降 65%。

在此之前，全球专家都预计稀土需求将继续上升。他们认为，未来节能灯等生态产品将需要越来越多的钇、铕和铽用于生产荧光粉，并预测在高温应用中使用的含镝钕铁硼磁体将会成为绿色技术中的一个巨大增长点。

出现令人惊讶的需求下降的原因是"意想不到的替代品"。全球企业尽可能地避免在产品中使用稀土，转而使用替代金属或研发全新的技术解决方案。需求急剧下降的部分原因是

2009 年稀土元素价格飙升，由于中国出口限制，人们担心供应出现短缺，因此许多企业储备了稀土。随着之后几年价格再次下降，这些储备逐渐被耗尽。原材料价格大幅上涨，短期内防止了贵金属被浪费在无意义的应用中，如玩具或是可以发光的圆珠笔。然而，就数量而言，最重要的替代发生在大规模应用中。

行之有效的策略

技术史上有许多成功的替代案例。在战争时期和资源危机时，替代往往是生存所必需的。20 世纪，合成纤维尼龙和聚酯取代了天然丝绸。"一战"和"二战"期间，厨师们用植物油制成的人造黄油取代了黄油。自 19 世纪末以来，建筑、飞艇、飞机和汽车中，轻金属铝逐渐取代了木材和钢铁。另一个例子是石油，经过 20 世纪 70 年代的石油危机，石油逐渐被天然气取代。技术史中关于消费社会发展的一个核心观点是，更便宜的替代品、代用品和仿制品为大众消费铺平了道路。

就稀土而言，这一切的发生仍然令人惊讶。这些被誉为"工业维生素"的稀土，因其特殊的功能特性而被认为是不可替代和不可或缺的。在生物学和营养科学中，维生素被定义为人体必需的物质，不能被其他营养物质取代。但事实证明，"工业维生素"的这一观念并不准确，稀土不是必需的。2010 年价格的急剧上涨和对供应短缺的担忧，驱使全球各地开始紧张而积极地寻找不同的替代方案，并出乎意料地迅速取得成功。原材料替代意味着用更容易获得的物质替换关键原材料。"关键"一词意味着，要么某种金属主要只在一个国家生产，要么很难被其他物质替代，要么很难回收利用。

替代战略可以帮助企业降低成本，对原材料波动做出灵活应对，并且通常促使企业开发出可向市场推广的全新技术。从理论上讲，这听起来简单且具有说服力，但在实际操作中却非常复杂。不是每一种材料都可以用另一种材料代替。对于稀土这样的高科技金属尤其如此。由于具有独特的物理、化学和光学特性，稀土对产品的功能至关重要。科学家萨斯基亚·齐曼和利塞洛特·舍贝克提出了5种核心替代策略（表7-1），可以实现节省某种原材料，直到用其他材料或产品完全替代它。

表7-1　5种核心替代策略

名称	说明
物质替代	在材料替代中，一种新材料（替代材料）取代现有材料；在替代材料中，单个金属可以作为合金的成分进行替换，也可以是全新的终端材料或合金
技术替代	指通过技术进步和制造工艺的改进来降低材料消耗，同时保持产品功能
功能替代	指用具有相同功能的新产品取代现有产品
质量替代	指通过节约材料，用品质和性能较低的产品取代高质量产品
非物质替代	指利用劳动力和能源等非物质因素来减少原材料或材料的消耗

用常见材料替代稀缺材料

耶鲁大学纽黑文工业生态中心最近对 62 种不同金属在其主要应用领域的替代潜力进行了研究。他们发现，在这些金属的主要应用领域，有十几种金属无法找到替代材料或者找到的替代材料不能完全替代其功能。

这些"难以替代"的金属中包括镧、铕、镝、铽、镱 5 种稀土金属。其中 2 种铕和镝完全无法替代。根据这项研究，在被调查的 62 种金属中，没有一种金属能在所有主要应用中都找到合适的替代品。稀土之所以难以替代，是因为手机、风力发电机或遮阳玻璃等产品有针对性地利用了稀土的独特磁性和光学特性。如果没有稀土，这些产品将无法正常工作。虽然许多研发项目已经在进行中，但在 3 个重要的应用领域中仍然没能找到同等水平的替代材料：荧光粉几乎无法不使用铕，耐高温的永磁体需要镝，催化剂需要镧。

在磁铁领域，已经有了各种方法，其中一些很有前景。例如，人们正在寻找同一金属家族内的替代品。目的是用更容易获得的稀土金属取代特别关键的重稀土金属镝。

最近，由美国能源部艾姆斯实验室的稀土材料科学家卡尔·艾·古内德纳领导的研究小组成功研发出一种新型磁性材料。它被认为是目前常用的含镝钕铁硼磁体的潜在替代品，甚至可以承受更高的温度。这种新合金中取代了镝的是一种更常见的轻稀土金属铈。另一个相同家族金属替代稀土金属的例子是用钐钴合金磁体代替了含镝钕铁硼磁体。这种磁体可以在比钕铁硼磁体更高的工作温度下工作。但是，钴也是一种稀缺且非常昂贵的原材料。

从根本上讲，专家们认为在相同金属家族中进行原材料替代并不是长期解决问题的方法，而更像是一种将问题转移的措施。

从生态的角度来看，用一种稀土金属代替另一种稀土金属也没有起到缓解环境压力的效果。因为稀土金属总是一起开采和提炼，因此会产生相同的环境影响，至少在其生命周期的早期是这样。

当然，也有其他方法。研究团队正在寻找不含稀土的替代磁性材料。其中有几种合金可能是可行的，如富含铁的硝酸锂。奥格斯堡大学实验物理系正在测试这种材料作为替代磁体的适用性。同时接受测试的候选替代合金还有基于锰、氮化铁或铝镍钴合金。特别值得期待的是具有极高磁化强度的铁钴合金。然而，为了使它们能够取代常见的钕铁硼磁体，必须对它们进行改进，使它们在交变电磁场中也能保持磁化强度。来自工业界和大学的各种研究小组目前正在使用不同的方法对此进行研究。例如，慕尼黑西门子的一个团队正尝试用这种材料的纳米结构来生产一种优化的永磁体。

更少的材料，同样的效果

　　缓解稀土供应短缺问题的一种方法是，在磁体和其他产品中减少稀土，特别是重稀土的用量。通过制造工艺的改进和创新，能够实现技术替代。在保持产品功能的同时，应尽可能地优化资源使用。

　　技术替代的目标是提高资源效率。在还没有找到直接替代物的情况下，已经有一些降低材料中稀土含量的例子，特别是在荧光粉和磁铁领域。例如，位于法国拉罗谢尔的罗地亚／索尔维公司正在采用一种新技术来制造荧光粉——通过改变颗粒大小，最多可将荧光粉中的铽含量降低 30%。

　　全球范围内正在进行降低耐高温钕铁硼磁体中镝和铽含量的研究项目。德国达姆施塔特工业大学与奥利弗·古特弗莱施领导的德国弗劳恩霍夫研究所物质循环与资源战略项目小组合作，正在通过所谓的晶界扩散寻找解决方案。到目前为止，制造磁铁时镝会被熔入到原始合金中，然后让其均匀分布在磁性材料中。这种均匀分布对于磁体的高温稳定性并不是必需的。磁铁由许多小的钕铁硼颗粒组成。将单个晶体包裹起来的几纳米厚的镝层足以实现高温稳定性。通过晶界扩散可以实现高效的镝分布，从而节省镝的用量。两家日本企业日立金属和信越化学也在进行类似的研究项目。在实际应用中，已经出现了镝含量较低的钕铁硼磁体。例如，西门子无齿轮海上风力涡轮机中的镝含量现在仅为 1% 左右。

还有一些研究人员正试图通过改变永磁体的设计来提高其作用效果，以节省磁性材料的用量，从而节省稀土。例如，位于慕尼黑翁特弗林的紧凑型功率电机有限公司就采用了这种方法。该公司专门从事电动车和混合动力汽车中的电机和发电机的开发和制造。通过更优化的设计，实现了更高效、更轻、更小的磁铁。该公司宣称，其产品可以将电动滑板车的轮毂电机中磁铁的使用量减少到中国制造产品的五分之一。

功能替代

功能替代是指具有相同功能的新产品取代了现有产品。由于不同类型的功能替代存在许多可能性和应用案例，很难进行明确分类，因此这里从产品层面和功能层面进行区分。从产品层面看，替代产品被用来取代另一种产品。在稀土产品中有很多例子，如固态存储器（SSD）或锂离子电池。固态存储器又称固态硬盘，是一种新型的数据存储器，已经用在了某些计算机中。许多笔记本电脑和超极本①不再使用传统的磁性硬盘，转而使用固态硬盘。固态硬盘基于半导体技术工作，不需要磁铁，因此也不需要稀土。但是与传统硬盘相比，固态硬盘的价格要

---

① 超级本（Ultrabook）是英特尔于 2013 年开始推出的集成了平板电脑与笔记本电脑的优势特点的新一代超轻薄笔记本电脑。

高出大约 10 倍。

锂离子电池的情况有所不同。无稀土储能系统作为镍氢电池的替代品已经存在了大约四分之一个世纪，在很大程度上取代了镍氢电池。在手机、平板电脑或数码相机等高能耗小型电子设备中，锂离子蓄电池已经取代了以前常见的镍氢电池，而且还在不断占领电动汽车的市场份额。

照明领域的情况类似。发光二极管（LED）迅速取代了节能灯。节能灯每单位光通量所需的稀土量比 LED 灯多 15 ~ 20 倍，使用寿命也更长。替代过程发生得比最初预期的更快、更广泛。最新一代的照明产品可能会进一步加速这一趋势：有机发光二极管（OLED）甚至完全不需要使用稀土。

耗散应用中稀土的可设想替代方案见表 7-2。

表 7-2　耗散应用中稀土的可设想替代方案

应用	可行的替代方案
瓷漆	有机颜料
牙科陶瓷	无稀土陶瓷
稀土电容器	替代氧化物混合物
保险丝	压电点火火花
烟火	禁烟火令
X 光造影用溶剂	有机顺磁性元件
置换试剂	更强的磁场
动物饲料	益生菌
储存食品用防紫外线玻璃	其他金属离子

（来源：Adler & Müller, 2014）

磁铁的困难

原则上，企业可以使用两种替代系统来实现风力发电：带齿轮箱的传统异步技术风力涡轮机和不带齿轮箱的直驱系统风力涡轮机。现在还有一种结合这两种方法的混合系统也在运行。在传统的异步技术中，利用一个大型变速箱让风力涡轮机由相对较慢的旋转转换为快速旋转，然后驱动发电机产生电流。带齿轮箱的风力涡轮机不需要使用稀土，目前仍占据风能发电设备的主流，截至 2013 年年底，全球占比约为 82%。直驱系统风力涡轮机不需要变速箱，发电机直接由风力涡轮驱动，并立即产生电流，但依赖含镝的永磁体。由于没有变速箱，因此它们更轻便、维护成本更低，特别适用于海上风电场。如上所述，直驱系统风力涡轮机正在成功地减少乃至完全去除永磁体的稀土含量。

在电动马达中，目前占主导地位的驱动系统仍在使用传统的永磁体，但在工业界也找到了替代方案。一个例子是磁阻电机，其原理早在 1923 年就已经被人们所知。磁阻电机的转矩不来自永磁体，而来自线圈，只有当电流通过线圈时，才产生磁性。因此，磁阻电机消耗的能源较少。此外，其价格更为低廉，同时能够实现更高的转速。磁阻电机主要用于中型工业设备的机械传动，目前也在电动汽车中得到应用，比如宝马 i3。

虽然没有使用稀土元素，但感应电机也可以正常运作。它使

用了电磁铁代替永磁体，不过电磁铁更大更重。到目前为止，感
应电机主要用于工业机械。电动汽车和混合动力汽车制造商一直
不太青睐电磁铁，当然有例外。特斯拉汽车公司为所有汽车配备
了感应电机，并为丰田的 RAV 4 提供了动力；宝马的 Mini E 同
样配备了感应电机。

　　顺带一提，特斯拉汽车的技术进展可以追溯到 2014 年。当
时该公司决定免费向社会开放公司的所有专利，以促进电动车
的发展。另一种不含稀土的电动驱动类型是所谓的滑环转子电
机，它是一种带有可旋转次级绕组的三相交流变压器。雷诺公
司在其 Fluence 和 Zoe 车型中采用了这种电机。表 7-3 比较了
不同类型电机技术在最大功率和最高效率、材料成本、转矩密
度方面的差异。该表的作者得出结论，尽管某些数值仍有改进
空间，但现在已有很多理由支持替换传统带有永磁铁的电动机。
雷诺和特斯拉等车辆制造商已经开始了这类方案的实际应用。

表 7-3　不同电机技术的比较

电机技术	最大功率 / 千瓦	最高效率 / %	关键部件材料成本 / 美元	关键部件材料单位功率成本 / 美元·千瓦$^{-1}$	转矩密度 / 牛·米·千克$^{-1}$
钕铁硼磁体	80	98	223	2.78	15
铁氧体永磁体	80	96	154	1.93	11
铜回转缸感应	50	96	144	2.88	10
磨环转轮电机	50	96	144	2.88	10
开关磁阻电动机	75	97	118	1.57	15

（来源：Widmer et al, 2015）

将来，相关技术，特别是切换磁阻电机和用廉价铁氧体永磁体取代稀土永磁体的解决方案，可能为更强大的驱动电机打下基础。

然而，产品的替代不仅限于使用不同的材料或技术，还可以通过改变行为和消费模式来实现，这可以被视为"功能替代"。例如，可以通过公共观影、网吧、机房和公共交通来减少私人产品的数量，如家庭电视、私人电脑和私人汽车等。但是由于这些替代需要全新的价值观和生活方式，因此实施起来很困难，迄今为止的成功案例非常有限。类似烟花这样的"无意义使用"案例中，由于回收几乎不可能，因此会导致不必要的资源浪费，有必要出台禁令。

当消费者愿意接受较差质量的材料和产品时，质量替代普遍存在。掺铒光纤放大器（EDFA）和无稀土半导体放大器（SOA）均被用于光纤通信，补偿光纤的损耗，确保光信号在传输过程中不衰减，两者可以相互替代。但在超长距离信号传输中，EDFA 因其高增益、低噪声和低极化依赖性的特点更为适用。

EDFA 特别适用于超长距离的信号传输。SOA 也具备相同的功能，但在增益、噪声和极化依赖性方面明显不如 EDFA。

一个不太常见的用于减少稀土用量的非材料替代的例子是无线数据传输。它基于电磁波，完全不依赖铜或光纤电缆，因此使得光纤技术中常见的 EDFA 变得多余。

替代的生态意义

以上提及的替代策略通常出于商业考虑，其目的是缓解供应短缺并稳定市场的价格波动。如果使用更便宜的替代品，企业还有望节省成本。

另外，替代还有生态意义。如前所述，稀土的开采和精炼会造成严重的环境风险和生态负担。稀土在其全生命周期的各个阶段都会出现大量耗散。与铁或铝等重要金属材料相比，稀土对环境和健康的影响要严重得多。汽车工业的最新研究比较了钕铁硼磁体与其他电动机材料对环境产生的后果。结果显示，按单位重量计算，钕铁硼磁体对环境造成的危害比其他电机材料严重得多。因此，尽管钕铁硼磁体仅占电机重量的不到5%，但它却需要对25%的材料相关温室气体排放负责。只有当新材料或新技术确实环保可行时，稀土的替代方案才能减轻环境负担。在寻找新的替代方案时，这应该是一个重要的标准。

有时替代方案也可能导致其他物质的过量使用。例如，不使用稀土的风能发电机组可能需要更多的铜，这也是不环保的。因此，必须比较评估替代材料和替代技术在其全生命周期内的环境减负效应，这点必须明确声明，而且作为操作指南。

但是这种评估很困难，因为需要经过一段时间才能看到改善环境的效果。到目前为止，几乎没有全面针对含稀土产品及其替代品在全生命周期内对环境影响的对比评估。

德国联邦环境局曾委托第三方专业机构开展过一项研究。该研究对比了采用生物技术方法来代替化学技术方法时产生的环境减负效应。评估的案例中，还包括了对一种含稀土元素的化学性动物促长剂与一种利用生物技术生产的动物促长剂的产品比较。

德国联邦政府的资源效率计划也指出，有必要加强对替代战略的分析和评估研究。不同路径的稀土可持续发展战略之间可能发生相互作用。研发能够降低产品中稀土含量的技术，看上去似

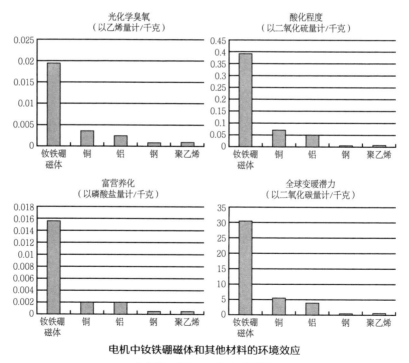

电机中钕铁硼磁体和其他材料的环境效应

（来源：Widmer et al，2015）

乎有益，但可能导致稀土的回收利用在技术上更加复杂，在经济上不再划算。换句话说，替代方案可能对其他可持续性战略，如回收利用，产生负面影响。

寻找新的可持续替代策略时，需要从多个方面加以考虑，涵盖替代品的全生命周期的各个环节，要考虑经济和生态标准，同时还要考虑其再利用的可能性以及耗散损失的程度。理想情况下，替代品不仅应该比待替代的原材料更易获取、更加便宜，还应该减轻环境负担，同时不带来任何负面社会影响。

总的来说，在许多情况下，替代是一种有意义且有前景的策略，可以有效管理稀有金属，实现可持续发展。替代本身并非解决资源危机的唯一途径，只是解决办法的一部分。为了长期节约资源，还必须采取其他可持续发展策略，如节约使用资源或回收利用资源。由于不同的可持续发展策略之间存在相互作用，最理想的情况是使它们相互协调。

结语

实现可持续供应一直在路上

　　通过稀土的故事，我们讲述了当今世界的重大隐忧。工业化国家或多或少地在寻找摆脱生态灾难的出路。这场生态灾难由他们一手造成，并让全世界深陷其中。只有少数微弱的声音在主张节俭社会、放弃增长。更多的是主张用技术方案来实现节约资源、保护气候的目的。工业社会和消费社会希望利用可再生能源和绿色技术来保持他们的生活方式。这些能否成功还是个问题。就目前来看，仅靠工程师和科学家并不能解决问题。比如，在德国，高效的高科技风力发电机迫使旧的核电站和火力发电厂低头，但只有在政策支持的情况下，它们才能在市场上生存。风能是清洁能源，它与其他可再生能源无疑是未来能源供应的方向。但没有传动装置的风力涡轮机只能依赖搭载含有大量稀土的强大磁体产生动力。尽管它以清洁的方式产生风能，但其自身的原材料基础却相当不环保。通向更可持续的经济和社会的道路之上充满了妥协，使用稀土就是一种妥协，为了使人类和自然的收益大于损害，我们需要在稀土的全生命周期内采取新的行动策略。

采矿新思维

稀土的主要生产国中国现在已经认识到这一挑战。稀土的初级开采仍然是一项污染极其重的业务，这方面还有很大的改进空间。可以改进的包括：更高效的采矿方法，更合理的自然资源利用，避免在价值链的早期阶段损失过多；以及更环保和能源效率更高的采矿技术，如依赖生物技术的生物采矿法。我们需要废水和废物的再处理方法、基于更环保的溶剂和加工化学品的"绿色提炼技术"、建立安全的放射性废物长期填埋场，以及对废旧矿场中含稀土废石的再提炼等。尽管对于一些问题已经有了技术解决方案，但对于可替代"绿色"采矿和提炼技术仍然有待大量研发。这些技术可以减少废物和二氧化碳的产生，同时减少能源和水的消耗。

要想在生产国推广这种可替代采矿和加工工艺，就需要在那些国家确立有约束力的环境和社会标准。在国际原材料协议或其合作框架下提出这些要求，使之成为政策制定者的一项重要任务。一种可能的执行手段是对按照环境和社会最低标准生产的原材料进行认证。这将使加工国家的企业能够有针对性地购买在可持续条件下生产的原材料和产品。同时，也可以支持那些致力于可持续原材料开采，但因激烈竞争和不受监管的市场条件的价格压力而失败的矿山。正如美国帕斯矿山的遭遇一样，该矿山的环境标准符合最新技术水平，却不得不在 2015 年 6 月关闭。

新的矿山开发也需要更高的环境和社会标准，理想情况下，采矿活动最好是在敏感生态系统以外进行。一个可能的途径是在国际原材料协议中确立自由、预先和知情同意的概念。此外，矿业公司和利益相关者之间应建立开放和定期的沟通，交流关于稀土开采的风险和影响。

重复使用与替代使用

通过生产废料的回收和再利用，可以以合理的费用节省大量稀土。但是到目前为止，几乎没有规模化的稀土回收和再利用，只有磁铁制造商在这方面有所尝试。业界最近在稀土替代方面取得了更多的成功，但在这方面仍然存在重大的知识空白；特别是对其他原材料在替代过程中可能带来的额外负担方面，人们所知甚少。为了用一个"魔鬼"来赶走另一个"魔鬼"，我们需要对稀土及其潜在替代品进行全生命周期的对比评估。

有远见地生产

实现稀土的可持续供应最重要的手段在于相应产品的设计。在产品的规划和设计阶段，各个相关方可以有针对性地影响其物质生命周期的各个阶段——当然，这不仅适用于稀土。以可持续性为导向的设计方法，如生态设计或回收设计，可以将不同的标准和方法融合到产品构思中。

这包括高效的工艺流程、废物最少化，以及减少制造阶段的废水和其他排放物；也包括用更容易获得的、对环境污染更少的物质和材料取代稀缺且对生态有影响的原材料，优先使用再生资源，规划使用寿命更长、可回收性更好的可修复产品。这听起来很复杂，实际上也确实如此。因为在设计产品时需要考虑到许多不同目标之间的冲突。例如，通过提高效率的方法大幅降低产品中的稀土含量，可能会减少产品的回收潜力。在产品中使用替代性原材料，也会影响到后续的再利用阶段。

写在最后，但并不是不重要

消费者的购买决策在很大程度上影响着资源消耗的方式和程度。目前流行的"充足"（Suffizienz）战略呼吁消费者自愿将消费限制在必要和适度的范围内。但要部分或完全放弃某些产品，需要消费者改变其现代消费方式和工业社会生活方式。大多数人并不愿意这样做。恰恰相反，西方的生活方式对新兴和发展中国家具有巨大吸引力。为了使消费者能够更加可持续地消费，他们需要掌握相应的专业知识和信息。例如，想要有针对性地号召消费者放弃使用会导致稀土无意义耗散的产品（如一次性荧光笔或特定的烟花爆竹），就需要让他们了解产品的成分信息。

但是充足不等同于放弃某些物品。共享模式、租赁系统、多功能产品或不过时的经典设计都可以减少原材料的使用。例如，共享电动自行车、电动汽车或电器设备，因为使用者数量增加了，其中所含的稀土就得到更有效的使用。另外，以租赁为目的的产品会被制造商设计得特别耐用，并且在退还时易于拆卸和重新利用。不过时的经典设计也有助于延长产品的使用寿命，它们不会受到短期时尚潮流的影响。选择多功能产品，如具有打印、传真、扫描和复印功能的多功能一体设备，或具有附加功能（如记事本、移动数据存储和拍照）的智能手机，也可以大大提高资源的利用效率。

目前很难评估这种更高的产品效益是否会确保原材料的更有效利用。关于这方面的研究还比较缺乏。此外，在提高效率的措施中，往往会出现用户行为变化引起的反弹效应，一开始节省下来的原材料在其他方面又会被消耗掉。因为提高原材料的使用效率，通常会降低产品的成本，反而导致消费者最终并不会减少资源消耗，甚至有时会增加消耗。

追求可持续社会的目标有时会充满矛盾，就像稀土本身一样。所有这些措施叠加在一起，有助于缓解一对矛盾，即稀土生产带来的负面环境影响与稀土在环境友好型绿色技术应用中发挥巨大作用的矛盾。能够提高稀土全生命周期中可持续性的设计，从各个方面看都是迫切需要的。无论如何都有助于降低稀土供应短缺的风险。

附录

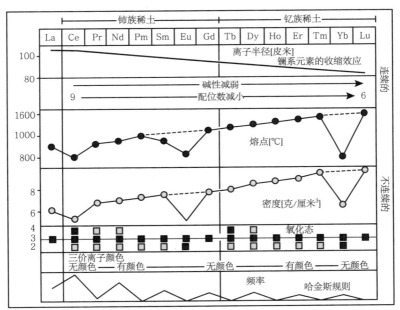

附录1　稀土元素的化学物理性质

（来源：Röhr 2008）

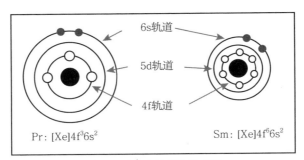

附录2　钚和钐壳结构示意图

（来源：Adler & Müller 2014）